Walter Reyes Avalos

Engorde del camarón nativo de los ríos costeros del Perú

Walter Reyes Avalos

Engorde del camarón nativo de los ríos costeros del Perú

Un estudio en sistema de recipientes individuales y con recirculación de agua

PUBLICIA

Imprint

Cover image: www.ingimage.com

Publisher:
PUBLICIA
is a trademark of
International Book Market Service Ltd., member of OmniScriptum Publishing Group
17 Meldrum Street, Beau Bassin 71504, Mauritius

Printed at: see last page
ISBN: 978-3-8416-8014-3

Zugl. / Aprobado por: Trujillo, Universidad Nacional de Trujillo, Tesis Doctoral, 2012

CONTENIDO

ÍNDICE DE FIGURAS

ÍNDICE DE TABLAS

ÍNDICE DE ANEXO

RESUMEN

El objetivo fue determinar el crecimiento y la supervivencia de hembras y machos del camarón de río *C. caementarius* cultivados en sistema de recipientes individuales de diferentes tamaños con recirculación de agua. Tres experimentos fueron realizados en recipientes pequeños (133 cm^2), medianos (201 cm^2) y grandes (284 cm^2), dispuestos en varios niveles dentro de acuarios y tanques. Como control se realizó el cultivo comunal. En el primer experimento se emplearon 72 camarones hembras de 4,46 cm y 2,66 g, a la densidad de 32,26 camarones m^{-2}. Seis camarones por acuario fueron sembrados individualmente en seis recipientes. El crecimiento no fue afectado por el tamaño de los recipientes durante seis meses de cultivo con supervivencias de 77,78 a 88,89 % pero en cultivo comunal ésta fue de 38,89 %. En el segundo experimento se emplearon 72 camarones machos de 5,75 cm y 8,02 g, sembrándose a la misma densidad y en los mismos acuarios y recipientes de cultivo del experimento anterior. No se evidenció el efecto del tamaño de los recipientes sobre el crecimiento de los camarones durante cuatro meses de cultivo debido a las ecdisis con autotomía y muertes durante la ecdisis, siendo la supervivencia de 72,22 y 83,33 %; y en cultivo comunal el canibalismo redujo la sobrevivencia a 16,67 %. El tercer experimento se realizó con 45 camarones machos de 4,89 cm y 4,97 g a la densidad de 94,34 camarones m^{-2}, instalándose 15 recipientes por tanque de 200 L, en este caso el crecimiento no fue afectado por el tamaño de los recipientes individuales durante cuatro meses de cultivo, pero el alimento reformulado evitó la ecdisis con autotomía de quelípodos y evitó la muerte durante la ecdisis, obteniéndose 100 % de supervivencia en los recipientes individuales 133 y 201 cm^2, y 86,64 % en 284 cm^2, sin diferencias entre tratamientos. El empleo de recipientes individuales de cultivo instalados en multiniveles se presenta como una opción viable para solucionar el problema de la interacción y el canibalismo, y para mejorar el engorde de adultos de *C. caementarius*.

Palabras clave: Crecimiento, supervivencia, cultivo individual, engorde *Cryphiops*.

ABSTRACT

The aim was to determine the growth and survival of females and males of freshwater prawn *C. caementarius* grown in the system individual containers of different sizes with water recirculation. Three experiments in small containers (133 cm^2), medium (201 cm^2) and large (284 cm^2), arranged at various levels in aquariums and tanks were conducted. As a control was communal culture. In the first experiment used 72 female prawn 4,46 cm 2,66 g and the stocking density of 32,26 prawn m^{-2}. Six prawns per tank were placed individually in six containers. Growth was not affected by the size of containers for six months of culture with survivals of 77,78 to 88,89 % but in communal farming was 38,89 %. In the second experiment used 72 male prawn of 5,75 cm and 8,02 g, stocking the same density and in the same tanks and containers of culture from the previous experiment. Not showed the effect of the size of the containers on the growth of shrimp during four months of culture because of the ecdysis with autotomy and deaths during ecdysis, being the survival of 72,22 and 83,33 %; and in communal culture cannibalism reduced survival to 16,67 %. The third experiment was conducted with 45 prawn males at the 4,97 cm 4,89 g and the stocking density of 94,34 prawn m^{-2}, installing 15 containers for 200 L tank, in this case the growth was not affected by the size of the individual containers for four months of culture, but the reformulated food avoided the ecdysis with chelipeds autotomy and avoided death during ecdysis, obtaining 100 % survival in individual containers 133 and 201 cm^2, and 86,64 % in 284 cm^2, no differences between treatments. The use of individual culture containers installed in multilevel is presented as a viable option to solve the problem of interaction and cannibalism, and improve fattening of adult *C. caementarius*.

Key words: Growth, survival, individual culture, ongrown *Cryphiops*.

I. INTRODUCCIÓN

Producción de crustáceos por acuicultura

La producción mundial por acuicultura asciende a 55,1 millones de toneladas al 2009, que representa una tasa de crecimiento anual de casi 7 % y por primera vez proporciona la mitad de los productos hidrobiológicos consumidos por la población humana mundial y, en América latina la producción por acuicultura asciende a 1,72 millones de toneladas es decir al 3,3 % de la producción mundial (FAO, 2010).

La producción de la acuicultura en el Perú experimenta un crecimiento notable desde el 2002 (11 534 t) alcanzando 89 020 t en el 2010, siendo de origen marino 71700 t (80,5 %) y de origen continental 17 320 t (19,5 %); predominando en el ámbito marino el cultivo de concha de abanico *Argopecten purpuratus* que representa el 81,1 % y el cultivo de langostinos *Litopenaeus vannamei* con el 18,9 % de la producción; mientras que en el ámbito continental predomina la producción de trucha *Onchorynchus mykkis* con 82,3 %, seguido de tilapia *Oreochromis* sp con 11,6 % y otras especies con 6,1 % (PRODUCE, 2010).

Sin embargo, no hay estadísticas oficiales de producción por acuicultura del camarón de río *Cryphiops caementarius* Molina 1782, pero se conoce de cultivos familiares en estanques de tierra en diferentes áreas costeras del centro y sur del Perú, así como de una empresa que apoyan a la Asociación de Extractores de Camarones de la Cuenca del Río Cañete (Celepsa, 2009a).

Especies de camarones y su distribución

El camarón nativo es empleado en la alimentación del poblador peruano desde tiempos prehispánicos por la representación realizada en los huacos Mochica (Horkheimer, 2004). En la vertiente occidental de los andes del Perú existen once especies de camarones de río, de los cuales ocho corresponden al género *Macrobrachium*, una al género *Atya*, una a *Palaemon* y una a *Cryphiops* (Méndez, 1981); siendo *C. caementarius* de amplia distribución latitudinal, desde el río Taymí (Cuenca del río Chancay-Lambayeque) en el norte del Perú (06°32´S, Amaya y Guerra, 1976) hasta el río Maipo en el norte de Chile (33°26´S, Jara, 1997), pero abunda en los ríos de Arequipa-Perú (16°23'S), desde el nivel del mar hasta los 1400 msnm, contribuyendo con el 80 % del recurso existente en la costa peruana (Zacarías y Yépez, 2008) y desde donde se extrae para abastecer al mercado de Lima con 1049 t en 1965, disminuyendo con el tiempo hasta 353 t en 1975, debido al esfuerzo pesquero (Viacava et al., 1978), hasta no reportarse extracción en Arequipa en 1988 (IMARPE, 2008).

Estado poblacional del camarón de río

Actualmente el recurso camarón de río presenta serias dificultades por la mayor accesibilidad de los pescadores a las zonas de extracción, la sobrepesca dirigida a ejemplares de mayores tamaños, la contaminación, la pesca ilegal, la pesca de ejemplares hembras y las actividades agrícolas con creciente demanda de agua, que alteran el hábitat natural, esto aunado a la dificultad de realizar fiscalización y control del recurso debido a que la captura se realiza principalmente durante la noche (Zapata, 2001; Zacarías y Yépez, 2008), que afectan su recuperación poblacional.

Las vedas durante el período reproductivo de *C. caementarius* (Enero-Abril), la restricción de la talla mínima de captura a 7 cm de longitud total (LT) impuestas por el Estado Peruano para todos los ríos de la costa; así como los programas de repoblamiento en los ríos Pisco y San Juan con 148 millares de postlarvas (Gobierno Regional de Ica, 2004), en el río Cañete con 100 mil juveniles (Celepsa, 2009b); además de otros ríos como Jequetepeque; (Gobierno Regional de La Libertad, 2004), Moquegua, Torata y El Algarrobal (Gobierno Regional de Moquegua, 2010), están permitiendo recuperar las poblaciones naturales extrayéndose 373 t en el 2002 (PRODUCE, 2003) y 694 t en el 2010 (PRODUCE, 2010).

En la Región Ancash, se conoce de la extracción de *C. caementarius* en los ríos Santa, Lacramarca y Casma desde donde se abastece a los mercados de cada localidad, pero no hay control de la extracción y por tanto no se cuenta con registros oficiales que permitan cuantificarla. Similar situación se presentan en las zonas con menor densidad poblacional de esta especie de camarón como en los ríos de los departamentos de La Libertad y Lambayeque por el norte y Moquegua y Tacna al sur del Perú. Aún así, la actividad extractiva del camarón nativo en los ríos de mayor o menor densidad poblacional constituye una fuente de beneficio económico y de alimentación para los pobladores de las áreas de influencia.

Investigaciones con *C. caementarius*

Dada la situación de la extracción de *C. caementarius* desde hace 45 años, siempre ha sido y será la especie de mayor importancia económica y científica en el Perú y de ahí que es la más estudiada. Los primeros estudios realizados por Elías (1960) en población y migración, es complementada por Viacava et al. (1976) y recientemente se evalúa la dinámica poblacional como base para el manejo del recurso en su ambiente natural (Yépez y Bandín, 1997; Zacarías y Yépez, 2008).

En nutrición, algunas dietas inertes son empleadas para el crecimiento (Venturi, 1973; Aybar, 1982) y para la reproducción en cautiverio se emplea dietas frescas para mejorar la maduración ovárica (Bazán et al., 2009). En reproducción, la especie es dioica que alcanza su primera madurez sexual entre 3,3 cm a 3,7 cm de LT las hembras y entre 2,3 cm a 2,5 cm de LT los machos (Lip, 1976); además se conoce el dimorfismo sexual (Mantilla, 1973), el desarrollo embrionario (Vegas et al., 1981; Reyes et al., 2009), la fecundidad (Cavero y Mogollón, 2000) la inducción para la reproducción (Verástegui, 1983; Reyes et al., 2002; Reyes et al., 2010). Además se conoce la relación entre el ciclo ovárico con el ciclo de muda (Reyes, 2014) y se ha propuesto una escala de madurez gonadal en machos y hembras (Viacava et al., 1978, Moreno et al., 2012).

El cultivo larval de *C. caementarius* se realiza en laboratorio y a nivel piloto, con densidades de siembra entre 30 larvas L^{-1} a 100 larvas L^{-1}, produciéndose postlarvas en eclosería piloto con supervivencias entre 10 % y 50 % y en períodos de 60 días y 118 días de duración de la larvicultura (Guerra et al., 1983; Guerra et al., 1987; Morales, 1997; Meruane et al., 2006; Reyes, 2008). Aun cuando hay experiencias en producción de postlarvas del camarón, el cultivo comercial no está establecido por la duración y la baja supervivencia en larvicultura y por la dificultad del cultivo comunal de postlarvas y juveniles hasta la talla comercial dado el alto grado de canibalismo que se observa en acuarios, tanques y estanques, necesitándose más investigación para solucionar estos problemas.

En cultivo comunal de *C. caementarius*, el pre-cultivo de postlarvas en agua salobre (12 ‰) atenúa el canibalismo (95 % de supervivencia) en alta densidad (200 PLs m^{-2}) y mejora la tasa de crecimiento (2,35 mg $día^{-1}$) en un período de 50 días

(Reyes et al., 2006). En cambio, Ponce (1977) ensaya el engorde en cultivo comunal en tanques de cemento de 2 m^2, con ejemplares de 7,3 cm y 9,7 g y en densidad de 50 camarones m^{-2}, obteniendo tasas de crecimiento entre 0,045 g $día^{-1}$ y 0,083 g $día^{-1}$, y con ésta última se alcanza 18 g en 105 días de cultivo, pero alta mortalidad (75 %) por canibalismo, a pesar de disponer de vegetación acuática como refugios. Esto demuestra la viabilidad del crecimiento en cautiverio de adultos del camarón hasta peso comercial pero la alta mortalidad por canibalismo es uno de los problemas del cultivo comunal.

La reputación de la mayor agresividad de *C. caementarius* es debido al grosor y tamaño de uno de los periópodos del segundo par en los machos, pues de acuerdo con Mariappan et al. (2000) la posesión de grandes quelas trituradoras ocasiona agresión entre individuos llevando al daño físico de las partes del cuerpo (especialmente de quelípodos) agravando la tasa de pérdida de miembros y la mortalidad. *C. caementarius*, como todo crustáceo, utiliza sus quelas para la interacción y esto afecta el bienestar, la supervivencia y el crecimiento en cultivo comunal, siendo mayor con el incremento de la densidad de siembra (125 juveniles m^{-2}) porque ello ocasiona alta tasa metabólica (87 % a 91 %) por la agresividad y el continuo movimiento de los organismos que afecta el crecimiento en peso (Zúñiga y Ramos, 1987), siendo limitante en la producción comercial.

Sin embargo, no solo la interacción entre congéneres sino también el canibalismo por muda es otra de las dificultades para el cultivo comunal de *C. caementarius*. La muda es un proceso fisiológico continuo que comprende las etapas de postmuda, intermuda y premuda culminando con la ecdisis o sea para el momento de reemplazar el antiguo exoesqueleto por uno nuevo (Reyes y Luján, 2003) donde se liberan fluidos que atraen a los congéneres (Adams y Moore, 2003) acentuándose el canibalismo porque además después de la ecdisis los animales quedan indefensos por corto período debido a la dificultad para desplazamiento por tener el exoesqueleto muy blando. Así mismo, la muda de los animales en la población ocurre en períodos asincrónicos y en estas circunstancias el canibalismo es acentuado por falta de espacio y por déficit de alimento; siendo los animales en los estados de premuda tardía y principalmente los de postmuda temprana los que están expuestos a este riesgo particular.

La muda es un evento natural de todo crustáceo para continuar con el desarrollo, la reproducción y el crecimiento; en éste último caso, inmediatamente después de la ecdisis las membranas articulares se extienden y hay síntesis de proteínas y proliferación celular que ocasiona incremento en longitud y en peso, debido al ingreso de abundante agua y continua deposición de material inorgánico (Mykles, 1980; Hickman et al., 2001), ocasionando crecimiento de tipo escaleriforme como en todo crustáceo.

A pesar de las dificultades en el cultivo de *C. caementarius*, la especie es considerada con potencialidades para el cultivo comercial (Brack, 2000) y prioritaria para el biocomercio en el Perú (Lleellish et al., 2005), siendo las zonas con mayores ventajas comparativas la costa de los Departamentos de Arequipa, Ica, Lima y Ancash (Zapata, 2001), aunque también son convenientes en La Libertad y Lambayeque, por presentar condiciones ambientales para el cultivo, dada su distribución hasta estos lugares.

Cultivo comunal de crustáceos

En sistema de cultivo comunal de diversos crustáceos decápodos la densidad de siembra acentúa la interacción que afecta la producción. En *Macrobrachium rosenbergii* el crecimiento heterogéneo de la población está en relación directa con la densidad de siembra (1 a 5 PL m^{-2}) y es un factor limitante para uniformizar el crecimiento en sistemas de engorde convencional (Ranjeet y Kurup, 2002), debido a la interacción y al canibalismo (Brugiolo et al., 2007). En los langostinos *Penaeus vannamei* y *P. setiferus* (Williams et al., 1996), el incremento de la densidad (28 a 284 juveniles m^{-2}) afecta la supervivencia (95 % a 72 %, respectivamente). En el cangrejo de río *Pacifastacus leniusculus*, el incremento de la densidad (25 a 200 cangrejos m^{-2}) ocasiona disminución del crecimiento en longitud y peso, debido al incremento en la competencia por espacio y alimento (Ahvenharju, 2007). En el cangrejo de río *Cherax quadricarinatus* el incremento de la densidad (3 a 5 cangrejos m^{-2}) y el incremento en el tamaño (5 a 17 g) ocasionan disminución de la tasa de crecimiento específica (de 1,58 % $día^{-1}$ a 0,63 % $día^{-1}$) debido a la dependencia del alimento y al incremento de la interacción y el antagonismo, habiéndose sugerido además que la interacción no agresiva involucra gasto significativo de energía e interrupción de la alimentación (Jones y Ruscoe, 2000).

Para disminuir la interacción y el canibalismo por muda entre congéneres en cultivo comunal y mejorar la producción de crustáceos bentónicos de alto valor comercial se emplean sustratos artificiales que incrementa el área de los estanques en 100% con lo cual se obtiene mayor supervivencia (80 %), crecimiento y producción en *M. rosenbergii* (New, 2002; Tidwell y Coyle, 2008). Además, en la misma especie, la remoción de uno de los dedos del propodo (Gómez et al., 1990) o las quelas del segundo par de periópodos disminuye tanto la interacción por el territorio (Siegel et al., 2007) como el canibalismo, mejorando la supervivencia (80 %) (Brugiolo et al., 2007).

En cultivo comunal de especies más agresivas como en la langosta *Homarus gammarus* los refugios artificiales permiten un 100 % de supervivencia y un mayor crecimiento (341,6 g) en relación de aquellos criados sin refugios (95 % y 281,5 g, respectivamente) (Richards y Wickins, 1979); de igual manera, en los cangrejos de río *Astacus leptodactylus* (Ulikowski y Krzywoz, 2006), *C. tenuimanus* y *C. albidus* (Wangpen, 2007), se logran mejorar la supervivencia (70-80 %) y el crecimiento.

Cultivo individual de crustáceos

Por otro lado, en sistema de cultivo individual en adultos de *C. tenuimanus*, el uso de compartimentos de 150 cm^2 a 1200 cm^2 instalados en multiniveles, mejora la tasa de crecimiento (0,8 % $día^{-1}$) y la supervivencia (83 %) en los recipientes más grandes (Jussila, 1997). De igual manera, en juveniles de *M. rosenbergii* se emplea compartimentos de 110 cm^2 a 689 cm^2 (Biddle et al., 1978), pero no ha prosperado el cultivo en este sistema porque la especie es manejada en estanques con menor densidad de siembra para evitar heterogeneidad en tamaño de los organismos de la población que es el principal problema de su cultivo comunal.

Sin embargo, para el cultivo de *H. gammarus*, el uso de bandejas con compartimentos individuales de 78 cm^2 es apropiado para langostas de 8 cm de LT; aunque cuando los recipientes de 540 cm^2 se apilaron en siete niveles, las langostas alcanzan la talla comercial de 21 cm de LT y 300 g (Kristiansen et al., 2004). De manera similar pero en recipientes individuales de 201, 314 y 490 cm^2 instalados en multiniveles se cultivan adultos de *C. quadricarinatus* de 10 g de peso inicial durante 98 días y se logran mayores tasa de crecimiento tanto de machos (0,31 g $día^{-1}$) como de hembras (0,18 g día^{-1}) en los recipientes medianos y grandes; pero con ejemplares más grandes (23 g) durante 206 días, se reduce la tasa de crecimiento (0,22 a 0,17 g día^{-1}, respectivamente) y la supervivencia al 74 %; aun así la producción se incrementa de 55 a 112 veces en relación al cultivo comunal (Manor et al., 2002).

Justificación del cultivo individual

El cultivo de adultos de *C. caementarius* en sistema de recipientes individuales no ha sido investigada, pero considerando que en otros crustáceos este sistema evita la interacción y el canibalismo, que ocasionan problemas en cultivo comunal, ello constituye una alternativa para mejorar el crecimiento y la supervivencia. Sin embargo, es conveniente realizar el cultivo individual con adultos de la especie, principalmente desde el momento en que el crecimiento en peso de los animales es mayor que el de longitud y esto es posible recién a partir de los 5 cm de LT (Viacava et al., 1978), principalmente en los machos debido al mayor desarrollo que tiene una de las quelas del segundo par de periópodos.

De acuerdo a Richards y Wickins (1979), cuando el cultivo se realiza en recipientes separados, el tamaño de cada uno de ellos llega a ser importante porque si es muy pequeño el crecimiento y la supervivencia son afectados y si es muy grande el espacio es desperdiciado. El tamaño de recipientes para el cultivo individual de adultos de *C. caementarius* no se conoce, siendo necesario determinar el área mínima teórica para no afectar el crecimiento y la supervivencia, manteniendo estables las condiciones nutricionales y ambientales.

De esta manera, en mediciones morfométricas realizadas previamente en *C. caementarius* de entre 5 y 8 cm de LT, la longitud del segundo par de periópodos representa el 100 % de la LT y la longitud del flagelo de la antena el 200 % de la LT, siendo ésta última medida la que demarca el área de sentido táctil y, por la forma cómo funciona el flagelo, ésta corresponde a un círculo. De acuerdo a éstas medidas, el cuadrado de tres veces la LT del camarón $(3\ LT)^2$ expresa mejor para el cálculo del área de los recipientes de cultivo, coincidiendo con lo citado por Van Olst y Carlberg (1978) para estimar el tamaño de recipientes apropiados para cultivo individual de *H. americanus*.

En consecuencia, para iniciar el cultivo con *C. caementarius* de 4 cm de LT los recipientes deben tener un área de 144 cm^2 y con 6 cm de LT el área debe ser de 324 cm^2, similares al tamaño de los compartimentos y recipientes utilizados para el cultivo individual de *M. rosenbergii* (Biddle et al., 1978), *H. gammarus* (Richards y Wickins, 1979) y especies de *Cherax* (Jussila, 1997; Manor et al., 2002). Además, la forma de los recipientes no es crítico, como lo es el área, para el crecimiento de *H. americanus* (Shleser, 1974), sin embargo, los recipientes redondos ocupan menos espacio, carecen de zonas muertas, permiten buena circulación de agua y menor acumulación de desechos, y los animales bentónicos tienen libertad para desplazamiento.

En el sistema de recipientes individuales, los congéneres de *C. caementarius* son aislados físicamente, impedidos para interaccionar y solo hay limitación para el desplazamiento por ser bentónicos y, en estas condiciones, se determina el crecimiento de ambos sexos y con ello la capacidad de producción comercial en ambientes donde además no hay dominancia jerárquica de los machos que son los que alcanzan mayores tamaños que las hembras, como sucede también en *M. gallus* (Moya, 1973), *M. inca* (Ramírez, 1977), *M. rosenbergii* (New, 2002), *M. acanthurus* (Faria et al., 2002), entre otros.

En cultivo individual se espera mejorar el crecimiento de machos de *C. caementarius* porque no hay interacciones en la población que los afecte y es probable que disminuya la heterogeneidad de tamaños como lo reportado en cultivo comunal de la especie (Ramírez, 1977) y en *M. rosenbergii* (Ra'anan y Cohen, 1984). En camarones hembras, también es posible mejorar el crecimiento, porque no habrá apareamientos con machos siendo los huevos son eliminados de la cámara incubatríz antes de una semana lo que estimula la muda y el crecimiento. Con cualquiera de los sexos en cultivo es conveniente mantener buena nutrición y adecuada calidad del agua para no afectar el crecimiento de los camarones.

Por otro lado, la disposición en multiniveles de los recipientes de cultivo individual permite usar eficientemente el espacio tridimensional del cuerpo de agua donde se realice el cultivo de *C. caementarius* y con ello incrementar la densidad de siembra y la producción. Además como en el ambiente natural los organismos de la especie se encuentra escondidos alrededor de las piedras o dentro de agujeros, se espera mejorar el crecimiento porque la disposición en multiniveles del sistema de cultivo puede simular oscuridad que ocasiona incremento significativo en peso y longitud (Guerrero y Moreno, 2004). En *C. quadricarinatus* se obtuvo incremento significativo de la tasa de crecimiento en 0,272 g día^{-1} en aquellos cultivados en los recipientes de los niveles inferiores (Manor et al., 2002; Barki et al., 2006).

Sin embargo, con el incremento de la densidad de siembra de *C. caementarius*, dado la disposición en multiniveles de los recipientes de cultivo, habrá mayor demanda de alimento y a la vez incremento de la concentración de amonio, siendo necesario transformarlo a productos no tóxicos para evitar alterar el ambiente y el crecimiento de los organismos, (Wickins y Beard, 1978), mediante el uso de un filtro biológico dentro del sistema de recirculación de agua (Timmons et al., 2002). Además, el sistema de recirculación de agua permite economizar el uso de agua y de energía eléctrica, y disminuye el impacto que ocasiona al ambiente la emisión de agua con alto contenido de materia orgánica procedente de los cultivos acuáticos, estando de acuerdo con el nuevo paradigma en cultivo del camarón (Derun et al., 2005).

Problema de investigación

En relación a los antecedentes, el presente estudio pretende dar un aporte al cultivo intensivo de *C. caementarius* en un sistema donde se evite la interacción y el canibalismo, planteando el siguiente problema de investigación ¿Cuál es el efecto de los recipientes individuales de cultivo de adultos del camarón *C. caementarius* acondicionados con recirculación de agua, en la supervivencia y crecimiento?

Hipótesis de investigación

La hipótesis establece que los recipientes individuales de cultivo de adultos del camarón *C. caementarius* acondicionados con recirculación de agua, eliminan la interacción física y la competencia por alimento entre camarones, permitiendo alta supervivencia y mejor crecimiento.

Objetivos

Como objetivo general se propuso evaluar el efecto de los recipientes individuales de cultivo de adultos del camarón *C. caementarius* acondicionados con recirculación de agua, en la supervivencia y crecimiento.

Los objetivos específicos fueron:

- Comparar el crecimiento en peso y longitud de hembras y machos del camarón de río *C. caementarius* cultivados en diferentes tamaños de recipientes individuales (133, 201 y 284 cm^2).

- Comparar la supervivencia de hembras y machos del camarón de río *C. caementarius* cultivados en diferentes tamaños de recipientes individuales (133, 201 y 284 cm^2).

El establecimiento y el manejo del cultivo de camarones en sistema de recipientes individuales en multiniveles, el uso de recirculación de agua con filtración biológica y el empleo de camarones adultos, permitirá sentar las bases para establecer un nuevo sistema de engorde a nivel intensivo de *C. caementarius*. Este sistema de cultivo aplicado en lugares con escaza disponibilidad de agua constituye en una alternativa de producción comercial sostenible para reducir la presión extractiva de la especie, pudiendo implementarse en diversos ambientes.

II. MATERIAL Y MÉTODOS

1. Material

1.1. Población

Para el primer experimento, los camarones hembras de la especie *C. caementarius* procedieron del río Lacramarca (09°07'70''S y 78°34'20''W) de la provincia de El Santa, Distrito de Nuevo Chimbote, Departamento de Ancash, Perú (Fig.1).

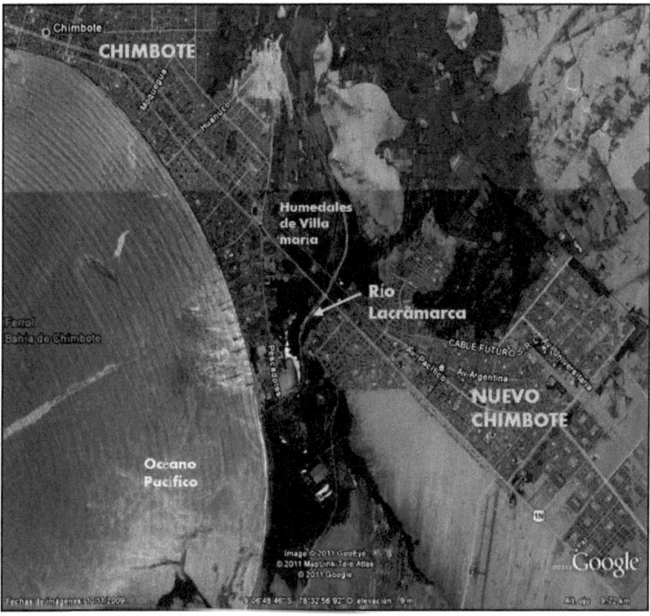

Figura 1. Lugar de captura de camarones hembras de *C. caementarius*, en el río Lacramarca.

Para el segundo y tercer experimento, los camarones machos de la especie *C. caementarius* procedieron del río Pativilca cerca del Centro Poblado Huayto (10°39'50''S y 77°40'02''W) a 352 msnm, distrito de Pativilca, Provincia de Barranca, Región Lima (Fig. 2).

Figura 2. Lugar de captura de camarones machos de *C. caementarius*, cerca del centro poblado Huayto al margen del río Pativilca.

1.2. Muestra

En el primer experimento, la muestra consistió de 72 camarones hembras no ovíferas de *C. caementarius*, de entre 4,2 y 4,9 cm de LT, con apéndices cefalotorácicos completos, seleccionados al azar de un lote de 165 ejemplares transportados, el 15 de marzo de 2010, desde el río Lacramarca de la provincia de El Santa, Distrito de Nuevo Chimbote, Departamento de Ancash, Perú.

En el segundo experimento, la muestra fue de 72 camarones machos de *C. caementarius*, de entre 5,2 y 6,2 cm de LT, con apéndices cefalotorácicos completos, seleccionados al azar de un lote de 120 ejemplares transportados, el 22 de octubre de 2010, desde el río Pativilca cerca del Centro Poblado Huayto, distrito de Pativilca, Provincia de Barranca, Región Lima.

En el tercer experimento, la muestra fue de 45 camarones machos de *C. caementarius*, de entre 4,5 y 5,6 cm de LT, con apéndices cefalotorácicos completos, seleccionados al azar de un lote de 154 ejemplares transportados, el 10 de abril de 2011, desde el río Pativilca cerca del Centro Poblado Huayto, distrito de Pativilca, Provincia de Barranca, Región Lima.

1.3. Unidad de análisis

Para el primer y segundo experimento, la unidad de análisis estuvo formada por seis camarones por acuario. En los tratamientos experimentales los seis camarones fueron sembrados individualmente en seis recipientes de cultivo, los mismos que estuvieron en dos grupos de tres niveles dentro de un acuario. En el control los 6 camarones fueron sembrados directamente en cada acuario.

Para el tercer experimento, la unidad de análisis estuvo formada por 15 camarones por tanque sembrados individualmente en 15 recipientes. Los recipientes de cultivo fueron dispuestos en tres grupos de cinco niveles, instalándose dentro de un tanque.

2. Método de los tres experimentos

2.1. Tipo de estudio

Investigación experimental.

2.2. Diseño de investigación

Se empleó el diseño de estímulo creciente consistente en tres tamaños (expresado como área del fondo) de recipientes de cultivo individual de camarones y que corresponden a tres tratamientos experimentales (T_1, T_2 y T_3) y un tratamiento control (T_4); cada uno con tres repeticiones:

T_1: Cultivo individual de camarones en recipientes de 133 cm^2.

T_2: Cultivo individual de camarones en recipientes de 201 cm^2.

T_3: Cultivo individual de camarones en recipientes de 284 cm^2.

T_4: Cultivo comunal de camarones.

El diseño de investigación fue empleado en los tres experimentos siguientes:

Experimento 1

Cultivo de camarones hembras de *C. caementarius* en sistema de recipientes individuales instalados en acuarios con recirculación de agua. La duración del experimento fue de seis meses comprendidos entre el 25 de marzo al 28 de septiembre de 2010.

Experimento 2

Cultivo de camarones machos de *C. caementarius* en sistema de recipientes individuales instalados en acuarios con recirculación de agua. La duración del experimento fue de cuatro meses comprendidos entre el 03 de noviembre de 2010 al 01 de marzo de 2011.

Experimento 3

Cultivo de camarones machos de *C. caementarius* en sistema de recipientes individuales instalados en tanques con recirculación de agua (Cada grupo de recipientes de cinco niveles dentro de un tanque fue una repetición y no se consideró el T_4 por los resultados obtenidos en el experimento 2). La duración del experimento fue de cuatro meses comprendidos entre el 20 de abril de 2011 al 22 de agosto de 2011.

2.3. Variables y operativización de variables

2.3.1. Variable independiente

Sistema de recipientes individuales de cultivo de diferentes tamaños (133, 201 y 284 cm^2).

2.3.2. Variable dependiente

Crecimiento y supervivencia de adultos del camarón de río *C. caementarius*.

El crecimiento fue operativizado mediante el peso (g), la longitud total (cm), la ganancia porcentual (%), la tasa de crecimiento absoluto (g $día^{-1}$) y tasa de crecimiento específica (% $día^{-1}$).

Para la supervivencia se obtuvo el número de camarones vivos al inicio y al final de cada muestreo durante la experiencia, expresado en porcentaje (%).

2.4. Instrumentos de recolección de datos

El peso total de los camarones fue determinado en una balanza digital ADAM AQT600 (± 0,1 g). La longitud total (LT = Escotadura post orbital hasta el extremo posterior del telson) y la longitud del cefalotórax (Lc = Escotadura post orbital hasta el borde posterior y superior del cefalotórax) fueron medidas con una regla graduada (± 1 mm) con los camarones posicionados ventralmente.

2.5. Procedimiento

2.5.1. Transporte de camarones

Para el primer experimento, los camarones hembras capturados del río Lacramarca (15 de marzo de 2010) fueron transportados en baldes plásticos con 20 L de agua del mismo río y vegetación acuática para proveer de oxigenación durante 15 min que duró el transporte hasta el Laboratorio de Acuarística de la Facultad de Ciencias del Campus I de la Universidad Nacional del Santa, ubicada en la Av. Universitaria s/n del Distrito de Nuevo Chimbote, Departamento de Ancash, Perú.

Para el segundo y tercer experimento, los camarones machos capturados del río Pativilca (22 de octubre de 2010 y 10 de abril de 2011, respectivamente) fueron introducidos individualmente en vasos de plástico de 200 mL, lo que fueron agujereados para permitir el flujo de agua (Fig. 3A); estos vasos fueron colocados dentro de cajas de plásticos (0,60 m de largo, 0,40 m de ancho y 0,35 m de alto, con volumen efectivo de 45 L) con agua del mismo río y con aireación intermitente provisto por la acción manual de un inflador (Fig. 3B). La densidad de transporte fue de 77 camarones/caja, y el tiempo de transporte fue de 5 h vía terrestre desde Pativilca hasta el Laboratorio de Acuarística de la Facultad de Ciencias de la Universidad Nacional del Santa (Nuevo Chimbote).

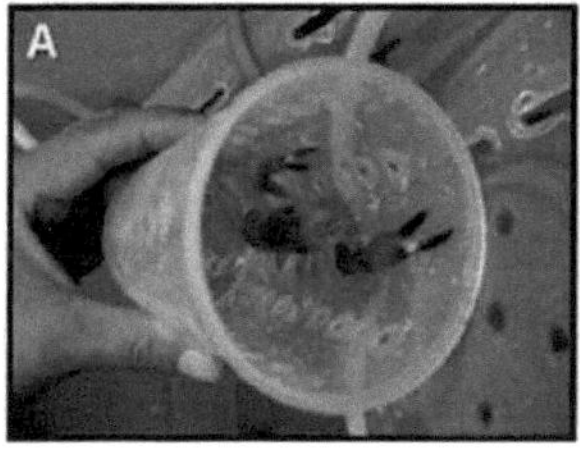

Figura 3. Sistema de transporte de machos de *C. caementarius*. A) Camarón dentro de vaso de plástico. B) Cajas de transporte conteniendo los vasos con camarones.

2.5.2. Identificación y aclimatación de camarones

En el Laboratorio, los camarones de la especie *C. caementarius* fueron identificados según Méndez (1981) y el sexo fue determinado observando la separación de las coxas del quinto par de periópodos (Guerra, 1974), además se diferenció por el tamaño de las quelas y la amplitud del abdomen.

Todos los camarones fueron aclimatados durante 10 días. Los camarones hembras fueron aclimatados en tres acuarios de 60 L con suficiente aireación y refugios (Fig. 4) y los machos en los mismos vasos de transporte colocados dentro de las cajas de transporte (Fig. 5). Todos los camarones fueron alimentados *Ad Libitum* con balanceado desde el tercer día de aclimatación. Además, cada dos días se realizó recambios del 30 % del agua, limpieza de los restos de alimento y de los desechos sólidos de excreción.

Figura 4. Aclimatación de hembras de *C. caementarius*, en acuarios con refugios artificiales.

Figura 5. Aclimatación de machos de *C. caementarius*, en los vasos de transporte.

2.5.3. Selección y siembra de camarones

Culminado el período de aclimatación, el sexo de los camarones fue corroborado observando la separación de las coxas del quinto par de periópodos (Guerra, 1974) y seleccionados aquellos con apéndices cefalotorácicos completos.

Para el primer y segundo experimento, fueron asignados al azar un camarón en cada recipiente de cultivo. Los recipientes fueron instalados en dos grupos de tres niveles dentro de un acuario de los tratamientos experimentales; es decir fueron sembrados seis camarones por acuario, que equivale a la densidad de 32,26 camarones m^{-2}. En los acuarios del tratamiento control fueron asignados al azar seis camarones directamente en cada acuario.

Para el tercer experimento, fueron sembrados al azar un camarón en cada recipiente de cultivo. Los recipientes fueron instalados en tres grupos de cinco niveles dentro de un tanque de cada tratamiento experimental; es decir fueron sembrados 15 camarones por tanque, que equivale a la densidad de 94,34 camarones m^{-2}.

2.5.4. Características de los recipientes de cultivo individual

Los recipientes de cultivo individual para el primer y segundo experimento fueron de material plástico transparente con tapa de 13, 16 y 19 cm de diámetro y de 5,5 cm, 7,0 cm y 8,0 cm de altura, respectivamente, que corresponden a recipientes de tamaños (expresado como área de la base) pequeños (133 cm^2), medianos (201 cm^2) y grandes (284 cm^2), respectivamente. Las paredes de los recipientes tuvieron aberturas (3 cm de largo por 0,5 cm de ancho) para permitir el flujo de agua. Además en cada recipiente se colocó un tubo PVC de ½" de diámetro que sobresale 15 cm sobre el nivel del agua y sirvió para introducir los pellets de alimento balanceado. Los recipientes fueron instalados en tres niveles (Fig. 6).

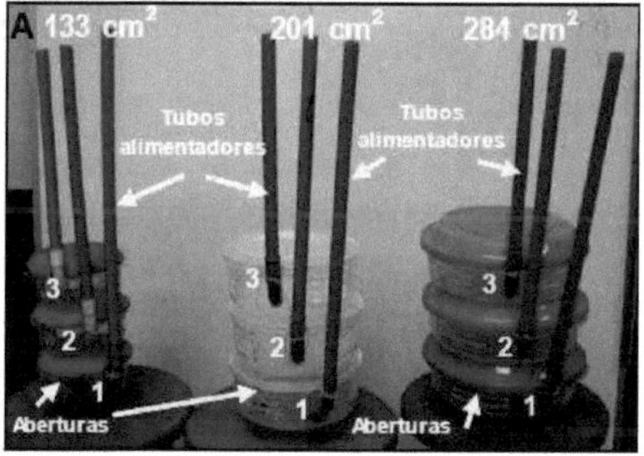

Figura 6. Recipientes de plástico de tres tamaños instalados en tres niveles para el cultivo individual de hembras y machos de *C. caementarius*. (Primer y segundo experimento).

Los recipientes individuales de cultivo para el tercer experimento fueron de los mismos tamaños utilizados en el segundo experimento excepto que fue modificada la altura de todos elevándose a 15 cm para facilitar el proceso de la ecdisis, debido a los resultados obtenidos en el segundo experimento. Los recipientes fueron instalados en cinco niveles (Fig. 7) dado la altura del nivel del agua de los tanques empleados.

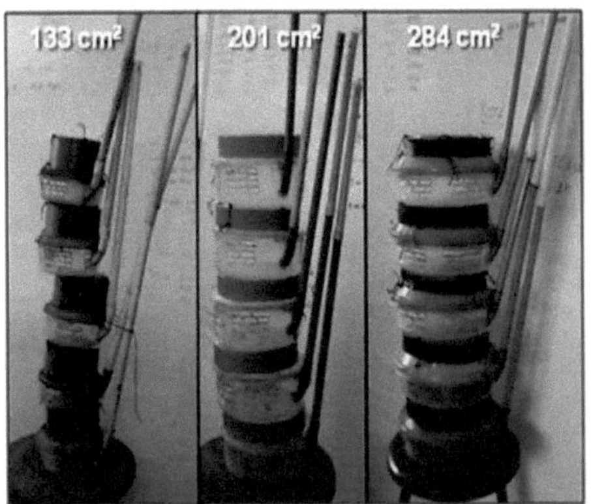

Figura 7. Recipientes de plástico de tres tamaños instalados en cinco niveles para el cultivo individual de machos de *C. caementarius*. (Tercer experimento).

2.5.5. Acondicionamiento de acuarios (Primer y segundo experimento)

Para el primer y segundo experimento, se emplearon 12 acuarios de vidrio (0,60 m de largo, 0,31 m de ancho y 0,35 m de alto, con área de 0,186 m^2 y volumen efectivo de 55 L) cada uno con un filtro biológico percolador con flujo de agua de 1,5 L min^{-1}, instalado dentro de un sistema de recirculación de agua tipo air-water-lift (Fig. 8A). Cada filtro biológico estuvo constituido por un recipiente de plástico de 2,5 L conteniendo una capa superior de espuma de poliuretano (1 cm de espesor), una capa intermedia de conchuela triturada (1 kg) y una capa inferior de grava de 1 a 2 cm de diámetro (1 kg) para permitir el crecimiento microbiano (Fig. 8B). La activación de los filtros biológicos se realizó según el protocolo de D'Abramo et al. (1995). Además se instalaron dos difusores de aire por acuario para circulación y oxigenación del agua. Se empleó agua potable declorada. Para abastecer con aire al sistema se empleó un blower de 1 HP.

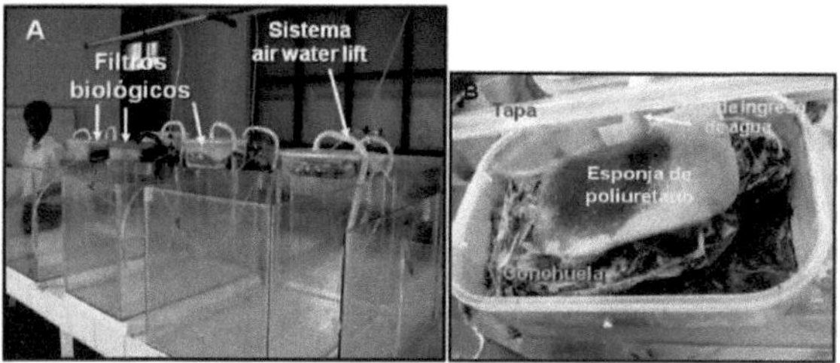

Figura 8. Acondicionamiento de acuarios para cultivo de *C. caementarius*. A) Acuarios con filtros biológicos y sistemas air-water-lift. B) Detalle del filtro biológico.

2.5.6. Instalación de recipientes de crianza individual en acuarios (Primer y segundo experimento)

En el tratamiento experimental fueron empleados nueve acuarios instalándose seis recipientes por acuario dispuestos en dos grupos de tres niveles cada uno; sin embargo, debido a la baja densidad de los recipientes plásticos se tuvo que colocar una bolsa de malla plástica conteniendo grava para mantener fondeado los grupos de recipientes (Fig. 9A). La distribución de los recipientes en los acuarios fue al azar. El tratamiento control consistió solo de tres acuarios conteniendo, por acuario, tres tubos de PVC (15 cm x 1'' Ø) como refugios (Fig. 9B). Todo el sistema de acuarios fue instalado en el centro del laboratorio (Fig. 10).

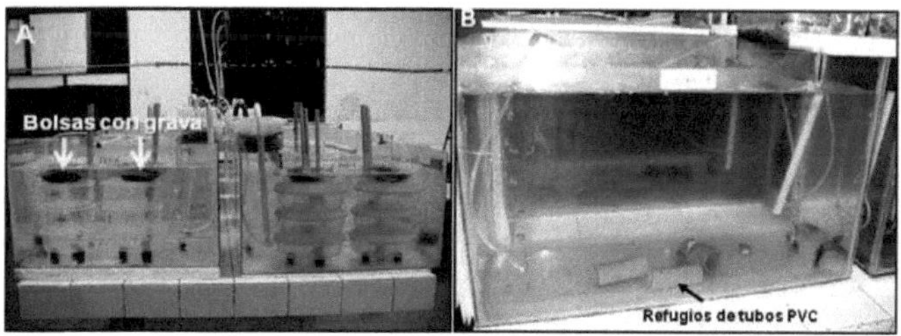

Figura 9. Sistemas de cultivo de *C. caementarius* en acuarios. A) Disposición de los recipientes de cultivo individual. B) Acuario de cultivo comunal con tubos PVC como refugios.

Figura 10. Sistema de cultivo de machos y hembras del camarón de río *C. caementarius* en recipientes individuales instalados en acuarios con recirculación de agua y filtro biológico.

2.5.7. Acondicionamiento de tanques (Tercer experimento)

Para el tercer experimento, se emplearon tres tanques de fibra de vidrio (0,60 m de profundidad, 0,50 m de diámetro mayor y 0,45 m de diámetro menor, con área del fondo de 0,159 m^2 y volumen efectivo de 200 L) cada uno con tres filtros biológico percolador (1,5 L min^{-1}) y sistema de recirculación de agua tipo air-water-lift (Fig. 11).

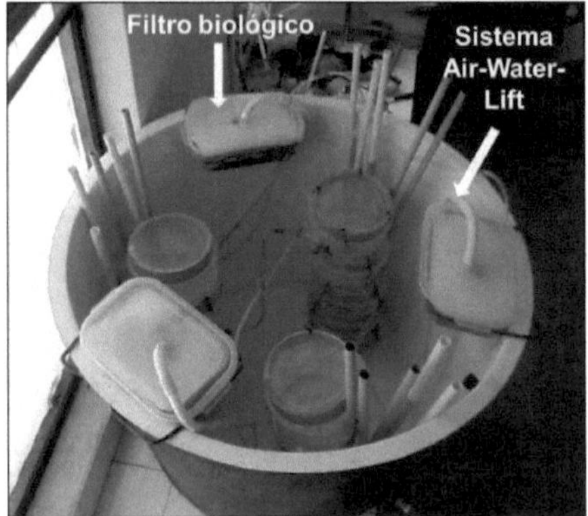

Figura 11. Acondicionamiento de tanques con filtros biológicos y sistema Air-Water-Lift para cultivo individual del camarón de río *C. caementarius*.

2.5.8. Instalación de recipientes de cultivo individual en tanques (Tercer experimento)

Fueron instalados 15 recipientes por tanque dispuestos en tres grupos de cinco niveles cada uno; sin embargo, debido a la baja densidad de los recipientes plásticos se colocó una bolsa de malla plástica conteniendo grava para mantener fondeado los grupos de recipientes (Fig. 12). No se empleó tratamiento control debido a los pobres resultados en supervivencia obtenidos en el segundo experimento con machos.

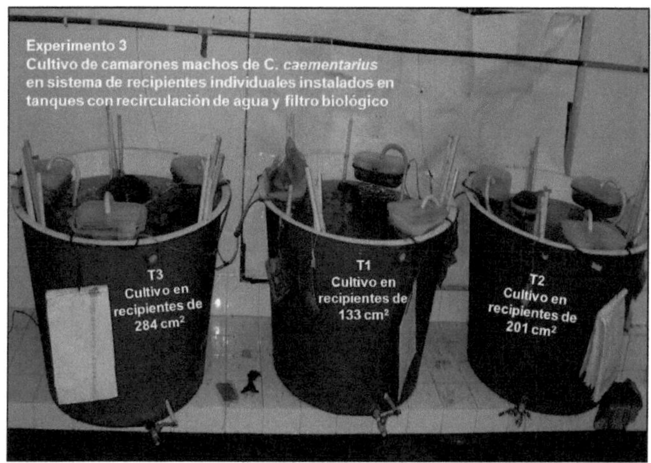

Figura 12. Sistema de cultivo de machos del camarón de río *C. caementarius* en recipientes individuales instalados en tanques de fibra de vidrio con recirculación de agua y filtro biológico.

2.5.9. Alimento balanceado para camarón

Para el primer experimento, fue elaborado alimento balanceado según la formulación de Sosa (2004) (Tabla 1).

Tabla 1: Composición porcentual y proximal del alimento balanceado* para hembras de *C. caementarius*.

Insumos			%
Harina de pescado			28,0
Harina de soya			21,0
Harina de maíz			17,0
Aceite de pescado			2,0
Aceite de soya			2,0
Polvillo de arroz			23,0
Melaza			4,7
Zeolita			2,0
Vitaminas y minerales			0,3
Proteína bruta	30,0	Ca (máximo)	2,00
Lípidos	6,0	Ca (mínimo)	1,20
Fibra	3,0	Cisteína +	
ELN (Máximo)	35,0	Metionina	1,05
P disponible (máximo)	1,0	Lisina	1,80
P disponible (mínimo)	0,6	W3	0,50
ED (Kcal Kg^{-1})	2800	W6	1,00

(*) Formulado por Sosa (2004) para *M. rosenbergii*.

Para el segundo experimento, fue adquirido alimento balanceado comercial (Nicovita) formulado para cultivo intensivo de camarón marino, con 40 % de proteína total, 15 % de lípidos y 5 % de fibra.

Debido a los problemas presentados en el segundo experimento por la aparición del síndrome de la muerte por muda y la despigmentación de los camarones, para el tercer experimento fue necesario reformular y elaborar alimento balanceado teniendo como base la formulación de Sosa (2004) con las modificaciones que se indican en la Tabla 2.

En el nuevo alimento fue empleado lecitina de soya comercial para mejorar la asimilación de colesterol que es precursor de la hormona de la muda (D'Abramo et al., 1981); harina de páprika (*Capsicum annuum*) para la pigmentación del exoesqueleto (Arredondo-Figueroa et al., 2003); y sal común para mejorar la actividad de las enzimas digestivas en el intestino y hepatopáncreas (Keshavanath et al., 2003).

Tabla 2: Composición porcentual y proximal[1] del alimento balanceado para machos de *C. caementarius*.

Insumos			%
Harina de pescado			30,00
Harina de soya			21,00
Harina de maíz			16,70
Aceite de pescado			2,00
Aceite de soya			0,50
Aceite de maíz			0,50
Lecitina de soya[2]			1,00
Polvillo de arroz			22,00
Melaza			3,00
Zeolita			2,00
Sal común			1,00
Complexvit[3]			0,30
Harina de páprika[4]			0,025
Proteína bruta	30,0	Ca mínima	1,00
Lípidos	8,1	Ca máxima	2,00
Fibra bruta	4,6	Cisteína	0,31
ELN (máximo)	30,0	Metionina	0,62
P disponible (mínimo)	0,6	Lisina	1,62
P disponible (máximo)	1,0	W3	0,65
ED (Kcal Kg^{-1})	2600	W6	1,80

[1] La composición proximal fue calculado con el programa informático de Pezzato (1996) teniendo en cuenta el porcentaje de insumos utilizados.
[2] Lecitina de soya purificada comercial (Soya insípida en cápsulas blandas, contenido de fosfatídicos ≥ 60%).
[3] Comprende (kg^{-1}): Vitaminas A 8g; E 7g; B1 8g; B2 16g; B6 11,6g; B12 0,02g; C 5g; D3 5g; K3 1g; Nicotinamida 10g; Niacina 6g; Biotina 0,3g; DL Metionina 20g; Pantotenato de calcio 47g; Cloruro de sodio 2,7g; Cloruro de potasio 34g; Sulfato de magnesio 7g; Maca 5g: y Excipientes 1,000g.
[4] La harina de páprika (*Capsicum annuum*) fue empleada como complemento en la dieta.

La harina de páprika (*Capsicum annuum*) fue preparada en laboratorio: Vainas secas de páprika fueron adquiridas del mercado local, lavadas con agua potable extrayendo las venas, pre-secadas con papel secante y colocadas en estufa a 30°C por 48 h; luego fueron molidas con molino manual y almacenadas por dos días en bolsas plásticas hasta su uso.

La ración diaria de alimentación para los tres experimentos fue del 6 % del peso húmedo por camarón, reajustándose cada mes hasta el 3 %. La frecuencia de alimentación fue de dos veces por día (08:00 y 18:00) durante seis días a la semana y distribuyendo el alimento, en iguales proporciones, por los tubos alimentadores. Los camarones que no consumieron el alimento no fueron alimentados.

2.5.10. Determinación del crecimiento de camarones

Se realizaron muestreos mensuales de toda la población de camarones sembrados en los tratamientos experimental y control. Con los datos obtenidos fue determinado el crecimiento absoluto (CA), la ganancia porcentual (GP), la tasa de crecimiento absoluto (TCA) y la tasa de crecimiento específica (TCE), según El-Sherif y Ali (2009):

$CA = X_2 - X_1$

$GP\ (\%) = (CA/X_1)\ x100$

$TCA = CA/t_2 - t_1$

$TCE\ (\%\ día^{-1}) = [\ln X_2 - \ln X_1) / t_2 - t_1]\ x\ 100.$

Donde:

X_1 y X_2 fue el peso húmedo (g) o la longitud total (cm), inicial y final;

t_1 y t_2 fue la duración en días;

ln X_1 y ln X_2 fue el logaritmo natural del peso o la longitud inicial y final.

2.5.11. Determinación de la supervivencia de camarones

La supervivencia (S) fue determinada frecuentemente observando a los camarones a través de los recipientes y fue expresada por cada muestreo:

$S\ (\%)\ = N_i\ x\ 100 / N_o$

Donde:

N_o = Número inicial de camarones

N_i = Número final de camarones

2.5.12. Determinación del factor de densidad específica *k*

$k = A/Lc^2$ (Manor et al., 2002)

Donde:

A = Área del fondo de los recipientes (cm^2)

Lc = Longitud del cefalotórax (cm).

Donde:

Lc = –2,646853–0,427092 LT (Viacava et al., 1978).

2.5.13. Determinación del factor de conversión alimenticia

FCA = Alimento entregado (g) / ganancia de peso vivo (g).

2.5.14. Determinación del desove hembras de camarón

El desove de las hembras fue evaluado por la tasa de desove (Td) y la frecuencia de desove (Fd):

Td = (N° de hembras ovíferas / N° total de hembras)

Fd = [(N° de hembras desovadas x 100) / N° total de hembras]

2.5.15. Determinación de la muda de camarones

El estado de muda fue evaluada según Reyes y Luján (2003), además el período entre mudas y la frecuencia de mudas fue determinado observando, a través de los recipientes transparentes, los exoesqueletos expulsados después de la ecdisis de los camarones. En el tercer experimento solo fue evaluada la muda de los camarones durante los muestreos y de aquellos que murieron.

2.5.16. Estimación de la producción de camarones

La producción (P) de cada tratamiento fue estimada por:

P (kg m^{-2}) = Biomasa / área de crianza.

2.5.17. Limpieza de acuarios y tanques de crianza

Los desechos sólidos que salieron de los recipientes de cultivo y se acumularon en los acuarios y tanques fueron extraídos con sifón una vez por semana. La capa de espuma sintética del filtro biológico fue limpiada frecuentemente para evitar taponamientos. Los camarones muertos fueron retirados de los recipientes individuales de cultivo para evitar alteración de la calidad del agua, pero fueron reemplazados con otros de similar tamaño y del mismo sexo, en orden de mantener el número constante de animales en los acuarios y tanques, pero estos no fueron incluidos en el análisis estadístico.

2.5.18. Calidad física y química del agua de cultivo

El ambiente de laboratorio fue mantenido con calefacción mediante el uso de hornillas eléctricas de 1000 W. Los parámetros físicos y químicos del agua comprendió el registro quincenal de oxígeno disuelto y temperatura mediante un Oxímetro digital Sension8 (± 0,01 mg L^{-1}; ± 0,01°C), el pH con un pH-metro digital 110 (± 0,01 unidades), además CO_2, dureza total y alcalinidad total por métodos titrimétricos (Fukushima et al., 1982) y amonio total, nitritos y nitratos a través del Test colorimétricos Nutrafin (± 0,05 mg L^{-1}).

2.6. Análisis estadístico de datos

Los datos fueron presentados mediante tablas estadísticas de entrada simple con resultados absolutos y relativos; así como con sus respectivos gráficos. Los datos de peso y longitud, crecimiento en peso y longitud, supervivencia, fueron procesados y analizados estadísticamente mediante el diseño estadístico completamente al azar. Las diferencias entre las medias de los tratamientos se determinaron al 99 % por análisis de varianza y la prueba de Duncan, usando el programa estadísticos SPSS versión 17 para Windows.

III. RESULTADOS

3.1. Experimento 1: Cultivo de camarones hembras de C. caementarius en recipientes individuales instalados en acuarios

3.1.1. Crecimiento en longitud y peso de hembras

El crecimiento en longitud y peso de las hembras cultivadas en los recipientes individuales fue lento hasta el tercer mes, creciendo de un promedio de 4,4 cm a 4,6 cm y de 2,5 g a 2,9 g (Figs. 13A y B), luego tienden a incrementar. Al sexto mes fue de 5,76 cm y 6,07 g en los recipientes de 133 cm^2; de 5,57 cm y 5,69 g en los de 201 cm^2; y de 5,50 cm y 5,43 g en los de 284 cm^2, sin diferencias significativas ($p>0,01$) (Fig. 13A y B; Tablas 3 y 4) y con un $r = -0,999$ en longitud y una $r = -0,986$ en peso. El crecimiento en longitud y peso de las hembras del control fue uniforme hasta el tercer mes y en el cuarto mes fue significativamente ($p<0,01$) mayor que las cultivadas en los recipientes; sin embargo al sexto mes no hubo diferencias significativas ($p>0,01$) con los demás tratamientos (Figs. 13A y B; Tablas 3 y 4).

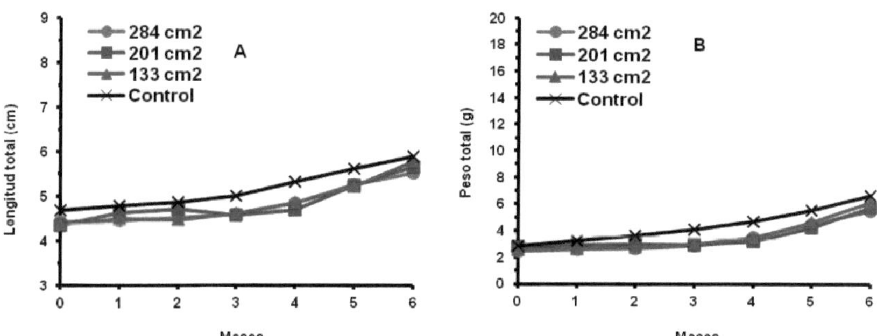

Figura 13. Variación del crecimiento en longitud (A) y en peso (B) de hembras de *C. caementarius* cultivadas en recipientes individuales de diferentes tamaños instalados en acuarios. (Primer experimento).

3.1.2. Parámetros de crecimiento en longitud y peso de hembras

Al final del experimento, el CA en longitud de las hembras fue mayor en los recipientes de 133 cm^2 (1,40 cm) y menor en 284 cm^2 (1,07 cm), sin diferencias significativas ($p<0,01$) y con un $r = -0,9119$; en el control el CA fue de 1,21 cm, sin diferencias significativas ($p<0,01$) con los demás tratamientos. La GP en longitud fue mayor en los recipientes de 133 cm^2 (32,23 %) y menor en 284 cm^2 (24,44 %), sin diferencias significativas (p>0,01) y con un r = – 0,986; y en el control la GP fue de 26,10 %, sin diferencias significativas (p>0,01) con los demás tratamientos (Tabla 3).

Al final del experimento, la TCA en longitud de las hembras fue mayor en los recipientes de 133 cm^2 (0,008 cm $día^{-1}$) y menor en los de 284 cm^2 (0,006 cm $día^{-1}$), sin diferencias significativas (p>0,01) y con un r = – 0,998; y en el control la TCA fue de 0,007 cm $día^{-1}$, sin diferencias significativas (p>0,01) con los demás tratamientos. La TCE en longitud fue mayor en los recipientes de 133 cm^2 (0,154 % $día^{-1}$) y menor en 284 cm^2 (0,121 % $día^{-1}$), sin diferencias significativas (p>0,01) y con un r = – 0,980; y en el control la TCE fue de 0,128 % $día^{-1}$, sin diferencias significativas (p>0,01) con los demás tratamientos (Tabla 3).

Tabla 3: Parámetros de crecimiento en longitud de hembras de *C. caementarius* después de seis meses de cultivo en recipientes individuales de diferentes tamaños instalados en acuarios. (Media ± desviación estándar) (Primer experimento).

	Tamaño de recipientes de cultivo individual			
Parámetros	133 cm^2	201 cm^2	284 cm^2	Control
LT inicial (cm)	4,36 ± 0,05[a]	4,35 ± 0,19[a]	4,43 ± 0,18[a]	4,68 ± 0,26[a]
LT final (cm)	5,76 ± 0,38[a]	5,57 ± 0,05[a]	5,50 ± 0,24[a]	5,89 ± 0,11[a]
CA (cm)	1,40 ± 0,40[a]	1,29 ± 0,16[a]	1,07 ± 0,34[a]	1,21 ± 0,30[a]
GP (%)	32,23 ± 9,52[a]	29,89 ± 4,83[a]	24,44 ± 8,65[a]	26,10 ± 7,62[a]
TCA (cm $día^{-1}$)	0,008 ± 0,002[a]	0,007 ± 0,001[a]	0,006 ± 0,002[a]	0,007 ± 0,002[a]
TCE (% $día^{-1}$)	0,154 ± 0,039[a]	0,145± 0,021[a]	0,121 ± 0,039[a]	0,128 ± 0,034[a]

LT: Longitud total. CA: Crecimiento absoluto. GP: Ganancia porcentual. TCA: Tasa de crecimiento absoluta. TCE: Tasa de crecimiento específica. Datos con letras iguales en superíndices en una fila indica que no hay diferencia estadística altamente significativa (p>0,01).

Al final del experimento el CA en peso de las hembras fue mayor en los recipientes de 133 cm^2 (3,47 g) y menor en 201 cm^2 (2,95 g), sin diferencias significativas (p>0,01) y con un r = – 0,722; en el control el CA fue de 3,80 g, sin diferencias significativas (p>0,01) con los demás tratamientos. La GP en peso fue mayor en 133 cm^2 (136,08 %) y menor en 201 cm^2 (110,18 %), sin diferencias significativas (p>0,01) y con un r = – 0,499; en el control la GP fue de 138,12 %, sin diferencias significativas (p>0,01) con los demás tratamientos (Tabla 4).

Al final del experimento la TCA en peso de las hembras fue mayor en los recipientes de 133 cm^2 (0,019 g $día^{-1}$) y similar en 201 y 284 cm^2 (0,016 g $día^{-1}$) pero sin diferencias significativas (p>0,01) y con un r = – 0,836; en el control la TCA fue de 0,021 g $día^{-1}$, pero sin diferencias significativas (p>0,01) con los demás tratamientos. La TCE en peso fue mayor en 133 cm^2 (0,468 % $día^{-1}$) y menor en 201 cm^2 (0,409 % $día^{-1}$), pero sin diferencias significativas (p>0,01), y con un r= − 0,510; en el control la TCE fue de 0,476 % $día^{-1}$, sin diferencias significativas (p>0,01) con los demás tratamientos (Tabla 4).

Tabla 4: Parámetros de crecimiento en peso de hembras de *C. caementarius* después de seis meses de cultivo en recipientes individuales de diferentes tamaños instalados en acuarios (Media ± desviación estándar). (Primer experimento).

	Tamaño de recipientes de cultivo individual			
Parámetros	133 cm^2	201 cm^2	284 cm^2	Control
PT inicial (g)	2,60 ± 0,21^a	2,74 ± 0,35^a	2,47 ± 0,14^a	2,83 ± 0,39^a
PT final (g)	6,07 ± 0,95^a	5,69 ± 0,30^a	5,43 ± 0,77^a	6,63 ± 0,49^a
CA (g)	3,47 ± 1,13^a	2,95 ± 0,48^a	2,97 ± 0,91^a	3,80 ± 0,79^a
GP (%)	136,08 ± 55,73^a	110,18 ± 29,22^a	121,88 ±42,42^a	138,12 ± 44,08^a
TCA (g $día^{-1}$)	0,019 ± 0,007^a	0,016 ± 0,003^a	0,016 ± 0,005^a	0,021 ± 0,004^a
TCE (% $día^{-1}$)	0,468 ± 0,124^a	0,409 ± 0,080^a	0,435 ± 0,113^a	0,476 ± 0,104^a

PT: Peso total. CA: Crecimiento absoluto. GP: Ganancia porcentual. TCA: Tasa de crecimiento absoluta. TCE: Tasa de crecimiento específica. Datos con letras iguales en superíndices en una fila indica que no hay diferencia estadística altamente significativa (p>0,01).

3.1.3. Variación de las tasas de crecimiento en longitud y peso de hembras

Las TCA en longitud de las hembras incrementaron en el primer mes de cultivo, siendo en los recipientes de 201 cm^2 de 0,009 cm $día^{-1}$ significativamente (p<0,01) mayor que en los demás que solo alcanzaron los 0,004 cm $día^{-1}$ en 133 cm^2 y de 0,001 cm $día^{-1}$ en 284 cm^2. Al segundo mes de cultivo todas las TCA disminuyeron, excepto en los de 284 cm^2 que incrementó a 0,002 cm $día^{-1}$. Luego del tercer al quinto mes las TCA ascendieron a 0,018 cm $día^{-1}$ en 201 cm^2, a 0,014 cm $día^{-1}$ en 284 cm^2 y a 0,012 cm $día^{-1}$ en 133 cm^2. En el sexto mes de cultivo la TCA incrementó a 0,018 cm $día^{-1}$ en 133 cm^2, pero disminuyeron a 0,014 cm $día^{-1}$ en 201 cm^2 y a 0,008 cm $día^{-1}$ en 284 cm^2. Similar variación de la TCA fue observado en el tratamiento control hasta el cuarto mes (0,011 cm $día^{-1}$) manteniéndose hasta el final de la experiencia. Las TCA negativas en longitud se presentaron en el segundo mes de cultivo (− 0,001 cm $día^{-1}$) en los recipientes de 133 cm^2 y en los de 201 cm^2 en el tercer mes (− 0,005 cm $día^{-1}$). (Fig. 14A).

Las TCA en peso de las hembras incrementaron paulatinamente hasta el sexto mes de cultivo siendo de 0,049 g $día^{-1}$ en los recipientes de 201 cm^2, de 0,048 g $día^{-1}$ en los de 133 cm^2 y de 0,032 g $día^{-1}$ en 284 cm^2, sin diferencias significativas (p>0,01). Similar variación de la TCA fue observado en el tratamiento control alcanzando los

0,037 g día^{-1} al final de la experiencia. La TCA negativa se presentó solo en el tercer mes (– 0,004 g día^{-1}) en los recipientes de 201 cm^2 (Fig. 14B).

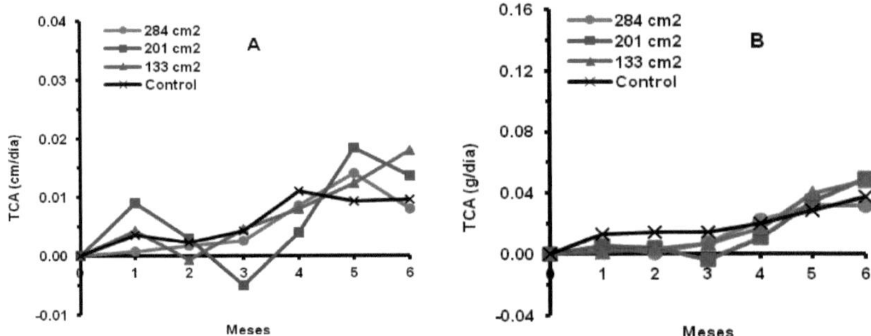

Figura 14. Tasa de crecimiento absoluta (TCA) en longitud (A) y peso (B) de hembras de *C. caementarius* cultivadas en recipientes individuales de diferentes tamaños instalados en acuarios. (Primer experimento).

Las TCE en longitud de las hembras incrementaron en el primer mes de cultivo, siendo en los recipientes de 201 cm^2 de 0,201 % día^{-1} significativamente ($p<0,01$) mayor que en los demás que solo alcanzaron los 0,098 % día^{-1} en 133 cm^2 y de 0,015 % día^{-1} en 284 cm^2. Al segundo mes de cultivo todas las TCE disminuyeron. Luego del tercer al quinto mes ascendieron y las TCE fueron de 0,370 % día^{-1} en 201 cm^2, de 0,277 % día^{-1} en 284 cm^2 y de 0,245 % día^{-1} en 133 cm^2. En el sexto mes de cultivo las TCE disminuyen a 0,252 % día^{-1} en 201 cm^2 y a 0,149 % día^{-1} en 284 cm^2, pero aumentó a 0,328 % día^{-1} en 133 cm^2. Similar variación de la TCE fue observado en el control hasta el cuarto mes (0,213 cm día^{-1}) luego disminuyó (0,168 cm día^{-1}) al final de la experiencia. Las TCE negativas se presentaron en el segundo mes (– 0,015 % día^{-1}) en los recipientes de 133 cm^2 y en los de 201 cm^2 en el tercer mes (– 0,018 % día^{-1}) (Fig. 15A).

Las TCE en peso de las hembras incrementaron en el primer mes y disminuyeron en el segundo mes de cultivo en todos los tratamientos. Luego del tercer al quinto mes las TCE ascendieron hasta 0,981 % día^{-1} en 133 cm^2, de 0,933 % día^{-1} en 201 cm^2 y de 0,804 % día^{-1} en 284 cm^2. En el sexto mes de cultivo las TCE disminuyen a 0,903 % día^{-1} en 133 cm^2 y a 0,641 % día^{-1} en 284 cm^2, pero aumentó a 0,996 % día^{-1} en 201 cm^2. Similar variación de la TCE fue observado en el tratamiento control alcanzando los 0,617 g día^{-1} al final de la experiencia. La TCE negativa en peso se presentó solo en el tercer mes (– 0,136% día^{-1}) en los recipientes de 201 cm^2 (Fig. 15B).

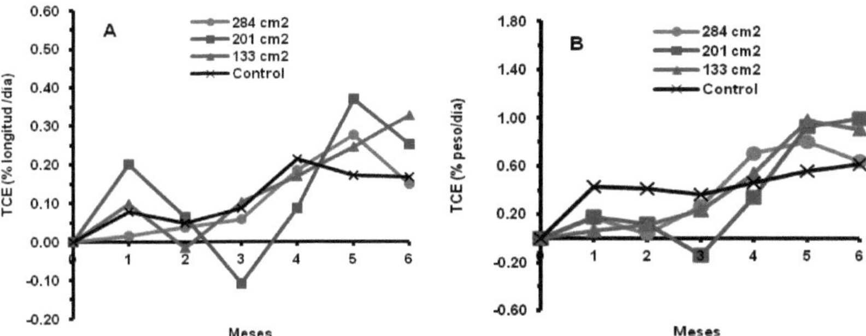

Figura 15. Tasa de crecimiento específica (TCE) en longitud (A) y peso (B) de hembras de *C. caementarius* cultivadas en recipientes individuales de diferentes tamaños instalados en acuarios. (Primer experimento).

3.1.4. Factor densidad específica *k* de hembras

Al final del experimento, el factor densidad específica *k* de las hembras fue significativamente ($p<0,01$) diferente entre los tamaños de recipientes, siendo *k*=18,02 ± 2,03 en los recipientes de 133 cm^2, *k*=28,13 ± 0,76 en los de 201 cm^2 y *k*=41,70 ± 3,32 en los de 284 cm^2.

3.1.5. Factor de conversión alimenticia de hembras

Al final del período experimental, el factor de conversión alimenticia de las hembras fue de 5,56 ± 2,93 en los recipientes de 133 cm^2, de 3,57 ± 0,42 en los de 201 cm^2 y de 3,66 ±1,12 en los de 284 cm^2, no existiendo diferencia significativa ($p>0,01$) entre tratamientos, siendo el promedio general de 4,26 ± 1,86.

3.1.6. Período entre mudas de hembras

El período entre mudas fue de 33,45 ± 1,72 días en las hembras cultivadas en recipientes de 133 cm^2, de 33,67 ± 0,88 días en las de 201 cm^2 y de 34,19 ± 0,56 días en 284 cm^2, no existiendo diferencia significativa ($p>0,01$), siendo el promedio general de 33,77 ± 1,06 días.

3.1.7. Desove de hembras

En el primer mes de cultivo, todas las hembras de los recipientes de 133 cm^2 desovaron y la tasa de desove fue alta (Td = 1,0), en los recipientes de 201 cm^2 los dos tercios de las hembras desovaron (Td = 0,78) y en los de 284 cm^2 la mitad de las hembras desovaron (Td = 0,50), pero no hubo diferencias significativas (p>0,01) entre tratamientos. En los otros meses la tasa de desove fue menor (Td < 0,10), pero en el sexto mes se incrementó a 0,39 ± 0,19 en los de 133 cm^2, a 0,28 ± 0,01 en 284 cm^2 y a 0,22 ± 0,09 en los de 201 cm^2, sin diferencias significativas (p>0,01) entre tratamientos (Fig. 16A).

En relación a la frecuencia de desove (Fig. 16B), la mayoría de las hembras cultivadas en los tres tamaños de recipientes desovaron una sola vez (44 % a 61 %), otras dos veces (17 % y 33 %), tres veces (11 %) y hasta hubieron hembras que desovaron cuatro veces (6 %); pero también algunas no maduraron ni desovaron (6 % y 22 %) durante el tiempo de la experiencia. En todos los casos no existieron diferencias significativas (p>0,01). Los huevos portados por las hembras no fueron viables debido a que no hubo apareamiento con machos, eliminándose entre 5 a 7 días y la muda siguiente ocurrió entre 12 a 15 días.

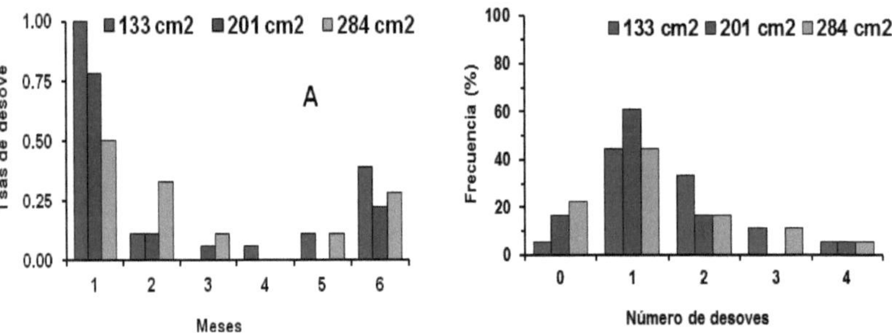

Figura 16. Reproducción de hembras de *C. caementarius* en los recipientes de cultivo de diferentes tamaños instalados en acuarios. A) Tasa de desove a través del tiempo. B) Frecuencia de desove. (Primer experimento).

3.1.8. Supervivencia de hembras

En el primer mes de cultivo, la supervivencia de las hembras fue del 100 % en todos los tratamientos, excepto en el control donde disminuyó a 77,78 %. En el tercer mes, la supervivencia fue de 77,67 ± 38,68 % en las cultivadas en 133 cm^2 y de 88,90 ± 19,23 % en 201 cm^2, manteniéndose hasta el final de la experiencia; en cambio en 284 cm^2 recién al cuarto mes alcanzó 77,8 ± 19,23 % que se mantuvo hasta el final. En el control fue de 72,22 % al tercer mes y disminuyó a 38,90 ± 25,47 % al sexto mes de cultivo (Fig. 17). No existió diferencia significativa ($p>0,01$) entre la supervivencia de las hembras cultivadas en los diferentes tamaños de recipientes y las del control.

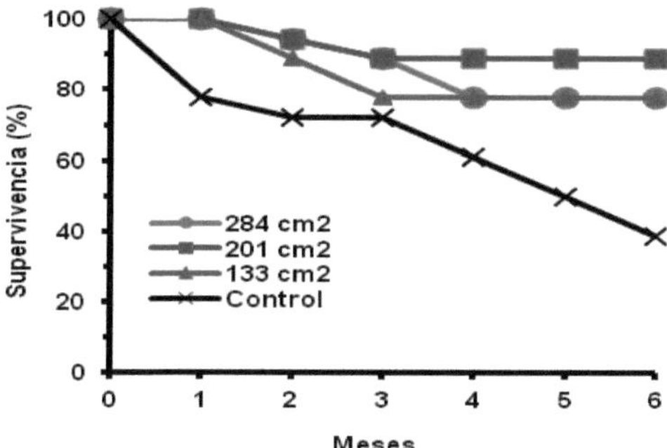

Figura 17. Supervivencia de hembras de *C. caementarius* cultivadas en recipientes individuales de diferentes tamaños instalados en acuarios. (Primer experimento).

Las muertes de hembras en los recipientes individuales fueron por causas desconocidas porque murieron en los estados de muda C y D_1. En cambio, en cultivo comunal hubo interacción agresiva durante el día, observándose peleas por alimento y espacio, ocasionándose lesiones en el cuerpo, apéndices y muchos perdieron los quelípodos; además hubo canibalismo.

3.1.9. Coloración de hembras

Las hembras mostraron una continua pérdida de la pigmentación del exoesqueleto (Fig. 18) durante el período experimental, siendo más evidente a partir del cuarto mes de cultivo y, en el sexto mes, aparecieron unas lesiones melanizadas en el exoesqueleto. La despigmentación de las hembras en cultivo comunal fue menor.

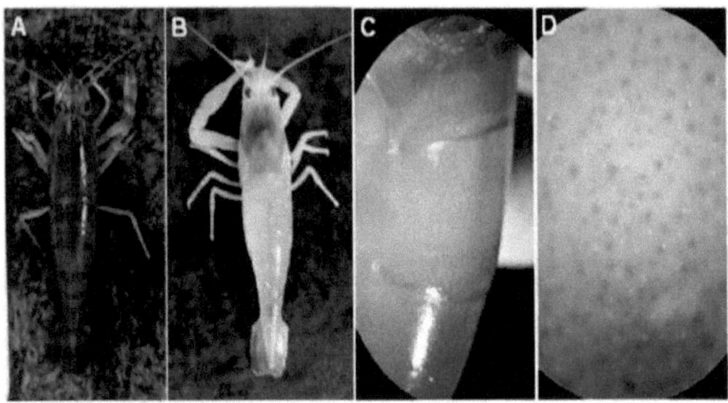

Figura 18. Hembras de *C. caementarius*. A) Color del cuerpo al inicio del experimento. B) Color del cuerpo después de seis meses de cultivo en recipientes individuales. C) Segundo segmento abdominal de hembra B, observado a 4x. D) Cromatóforos concentrados del segundo segmento abdominal de la misma hembra B, observado a 10x. (Primer experimento).

3.1.10. Estimación de la producción de hembras

La producción de hembras varió de manera similar durante el experimento y sin diferencias significativas ($p>0,01$) entre tratamientos (Fig. 19). Al inicio la producción promedio fue de 0,085 kg m^{-2} y a los seis meses fue de 0,144 kg m^{-2} en los recipientes de 133 cm^2, de 0,162 kg m^2 en los de 201 cm^2, de 0,138 kg m^{-2} en los de 133 cm^2 y en cultivo comunal fue de 0,081 kg m^{-2} (Tabla 5).

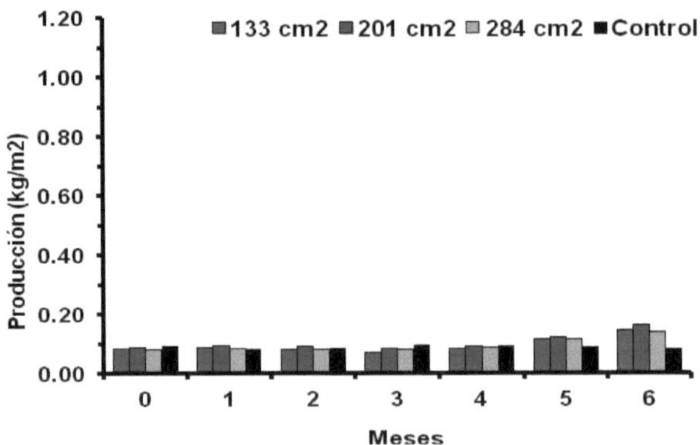

Figura 19. Producción estimada de hembras de *C. caementarius* cultivadas en recipientes individuales de diferentes tamaños instalados en acuarios. (Primer experimento).

Tabla 5: Resultados finales de densidad, peso y estimación de la producción de hembras de *C. caementarius* en los recipientes de cultivo individual y en crianza comunal, en acuarios. (Media ± desviación estándar). (Primer experimento).

Cultivo	Densidad final efectiva (Camarones m^{-2})	Peso promedio final (g)	Producción estimada (kg m^{-2})
En recipientes de:			
133 cm^2	25,09 ± 12,42[a]	6,07 ± 0,95[a]	0,144 ± 0,059[a]
201 cm^2	28,67 ± 6,21[a]	5,69 ± 0,30[a]	0,162 ± 0,028[a]
284 cm^2	25,09 ± 6,21[a]	5,43 ± 0,77[a]	0,138 ± 0,045[a]
Comunal (control)	12,55 ± 8,21[a]	6,63 ± 0,49[a]	0,081 ± 0,050[a]

Datos con letras iguales en superíndices en una columna indica que no hay diferencia estadística significativa (p>0,01).

3.1.11. Calidad física y química del agua de crianza de hembras

No hubo diferencias significativas (p>0,01) en los parámetros físico y químicos del agua de los acuarios de los tratamientos (Tabla 6), a pesar de la acumulación de alimento en los acuarios que salió por las aberturas de los recipientes, ocasionados por el movimiento de los camarones, siendo aparentemente mayor en los acuarios con recipientes pequeños. Sin embargo, hubo taponamientos frecuentes de la capa de espuma sintética del filtro por la acumulación de materia orgánica.

La temperatura promedio del agua estuvo entre 22,60° y 23,47°C. El oxígeno entre 5,81 y 6,09 mg L^{-1} y la del CO_2 fue de 0,44 mg L^{-1}. La dureza total fue entre 175,17 y 193,48 mg L^{-1} y la alcalinidad total entre 58,33 y 64,29 mg L^{-1}. El pH varió entre 7,42 y 7,67. El amonio total estuvo entre 0,02 y 0,03 mg L^{-1}; los nitritos entre 0,10 y 0,15 mg L^{-1} y los nitratos entre 4,87 y 5,96 mg L^{-1}.

Tabla 6: Parámetros físico y químicos (Media ± desviación estándar) del agua de los acuarios de cultivo de hembras de *C. caementarius*. (Primer experimento).

Parámetros	Tamaño de recipientes de cultivo individual 133 cm^2	201 cm^2	284 cm^2	Control
Temperatura (°C)	23,26 ± 0,12[a]	23,47 ± 0,11[a]	22,35 ± 0,10[a]	23,13 ± 0,43[a]
O_2 (mg L^{-1})	5,81 ± 0,14[a]	6,09 ± 0,17[a]	5,99 ± 0,65[a]	5,93 ± 0,78[a]
CO_2 (mg L^{-1})	0,44 ± 0,00[a]	0,44 ± 0,00[a]	0,50 ± 0,00[a]	0,50 ± 0,00[a]
Dureza total (mg L^{-1})	181,49 ± 2,29[a]	176,32 ± 13,92[a]	174,41 ± 14,75[a]	204,18 ± 15,19[a]
Alcalinidad total (mg L^{-1})	63,05 ± 1,21[a]	60,56 ± 3,89[a]	62,59 ± 2,57[a]	65,33 ± 1,15[a]
pH	7,42 ± 0,09[a]	7,54 ± 0,09[a]	7,43 ± 0,09[a]	7,67 ± 1,16[a]
Amonio total (mg L^{-1})	0,03 ± 0,00[a]	0,02 ± 0,01[a]	0,02 ± 0,01[a]	0,03 ± 0,01[a]
Nitritos (mg L^{-1})	0,10 ± 0,00[a]	0,14 ± 0,07[a]	0,07 ± 0,030[a]	0,15 ± 0,04[a]
Nitratos (mg L^{-1})	4,87 ± 0,23[a]	5,96 ± 1,86[a]	5,70 ± 1,62[a]	5,44 ± 0,51[a]

Datos con letras iguales en superíndices en una misma fila indica que no hay diferencia estadística altamente significativa (p>0,01).

3.2. Experimento 2: Cultivo de camarones machos de C. caementarius en recipientes individuales instalados en acuarios

3.2.1. Crecimiento en longitud y peso de machos

El crecimiento en longitud de los machos criados en los recipientes individuales fue lento y sin diferencias significativas (p>0,01) entre tratamientos durante el período experimental, creciendo de un promedio general de 5,90 cm a 6,65 cm, existiendo correlación negativa entre la longitud (r = − 0,826) con el tamaño de los recipientes. En cambio los del control crecieron de 5,28 cm a 8,10 cm (Fig. 20A).

El crecimiento en peso de los machos cultivados en los recipientes individuales incrementó de manera similar hasta el segundo mes de un promedio de 8,59 g a 13,33 g. Luego tiende a estabilizarse y al cuarto mes el peso fue de 13,72 g en los recipientes de 133 cm^2; de 13,79 g en los de 201 cm^2; y de 12,29 g en los de 284 cm^2, pero sin diferencias significativas (p>0,01), existiendo correlación negativa entre el peso (r = − 0,874) con el tamaño de los recipientes. El crecimiento en peso de las hembras del control fue desde 6,29 g a 18,00 g (Fig. 20B).

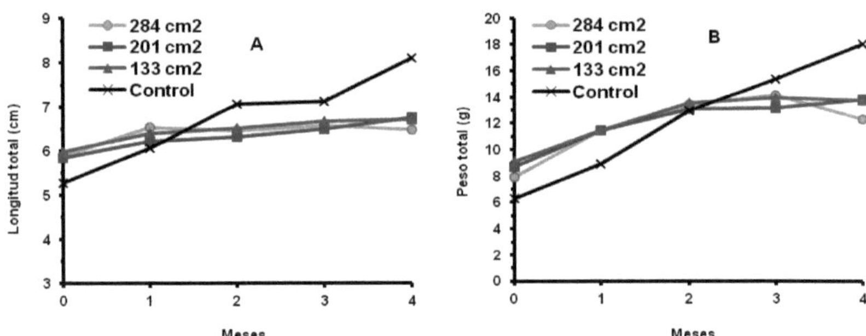

Figura 20. Variación del crecimiento en longitud (A) y en peso (B) de machos de *C. caementarius* cultivadaos en recipientes individuales de diferentes tamaños instalados en acuarios. (Segundo experimento).

3.2.2. Parámetros de crecimiento en longitud y peso de machos

Al final del experimento, el CA en longitud de los machos fue mayor en los recipientes de 201 cm^2 (0,91 cm) y menor en 284 cm^2 (0,58 cm) sin diferencias significativas (p>0,01) y con un r = − 0,625; en el control el CA fue de 2,83 cm,. La GP en longitud fue mayor en 201 cm^2 (15,49 %) y menor en 284 cm^2 (9,79 %), sin diferencias significativas (p>0,01) y con un r = − 0,485; en el control la GP fue de 53,70 % (Tabla 7).

Al final del experimento la TCA en longitud de los machos fue mayor en los recipientes de 201 cm^2 (0,008 cm $día^{-1}$) y menor en 284 (0,005 cm $día^{-1}$), sin diferencias significativas (p>0,01) y con un r = − 0,381; en el control la TCA fue de 0,024 cm $día^{-1}$. La TCE en longitud fue mayor en los recipientes de 201 cm^2 (0,120 % $día^{-1}$) y menor en 284 cm^2 (0,077 % $día^{-1}$), sin diferencias significativas (p>0,01) entre tratamientos y con un r = − 0,492; en el control la TCE en longitud fue de 0,358 % $día^{-1}$ (Tabla 7).

Tabla 7: Parámetros de crecimiento en longitud de machos de *C. caementarius* después de cuatro meses de cultivo en recipientes individuales de diferentes tamaños instalados en acuarios. (Media ± desviación estándar). (Segundo experimento).

	Tamaño de recipientes de cultivo individual			
Parámetros	133 cm^2	201 cm^2	284 cm^2	Control
LT inicial (cm)	5,98 ± 0,12[a]	5,84 ± 0,30[a]	5,88 ± 0,38[a]	5,28 ± 0,07[a]
LT final (cm)	6,75 ± 0,19[a]	6,75 ± 0,45[a]	6,47 ± 0,61[a]	8,10
CA (cm)	0,73 ± 0,19[a]	0,91 ± 0,25[a]	0,58 ± 0,26[a]	2,83
GP (%)	12,27 ± 3,20[a]	15,49 ± 4,11[a]	9,79 ± 3,89[a]	53,70
TCA (cm $día^{-1}$)	0,006 ± 0,002[a]	0,008 ± 0,002[a]	0,005 ± 0,002[a]	0,024
TCE (% $día^{-1}$)	0,096 ± 0,024[a]	0,120 ± 0,030[a]	0,077 ± 0,030[a]	0,358

LT: Longitud total CA: Crecimiento absoluto. TCA: Tasa de crecimiento absoluta. GP: Ganancia porcentual. TCE: Tasa de crecimiento específica. Datos con letras iguales en superíndices en una fila indica que no hay diferencia significativa (p>0,01).

Al final del experimento el CA en peso de los machos fue mayor en los recipientes de 201 cm^2 (5,08 g) y menor en 284 cm^2 (4,34 g), sin diferencias significativas (p>0,01) y con un r = − 0,441; en el control el CA en peso fue de 11,65 cm. La GP en peso fue mayor en los recipientes de 201 cm^2 (58,03 %) y menor en 133 cm^2 (50,45 g), sin diferencias significativas (p>0,01) y con un r = 0,164; en el control la GP en peso fue de 183,46 % (Tabla 8).

Al final del experimento la TCA en peso de los machos fue mayor en los recipientes de 201 cm^2 (0,042 g $día^{-1}$) y menor en 284 cm^2 (0,036 g $día^{-1}$), sin diferencias significativas (p>0,01) y con un r = − 0,549; en el control la TCA en peso fue de 0,097 g $día^{-1}$. La TCE en peso fue mayor en los recipientes de 201 cm^2 (0,378 % $día^{-1}$) y menor en 133 cm^2 (0,338 % $día^{-1}$), sin diferencias significativas (p>0,01) y con un r = 0,034; y en el control la TCE en peso fue de 0,868 % $día^{-1}$ sin diferencias significativas (p>0,01) con los demás tratamientos (Tabla 8).

Tabla 8: Parámetros de crecimiento en peso de machos de *C. caementarius* después de cuatro meses de cultivo en recipientes individuales de diferentes tamaños instalados en acuarios. (Media ± desviación estándar). (Segundo experimento).

	Tamaño de recipientes de cultivo individual			
Parámetros	133 cm^2	201 cm^2	284 cm^2	Control
PT inicial (g)	9,10 ± 0,50^a	8,72 ± 1,68^a	7,95 ± 1,34^a	6,29±0,27^a
PT final (g)	13,72 ± 1,86^a	13,79 ± 3,07^a	12,29 ± 3,87^a	18,00
CA (g)	4,63 ± 1,39^a	5,08 ± 1,70^a	4,34 ± 2,58^a	11,65
GP (%)	50,45 ± 13,26^a	58,03 ± 16,78^a	52,21 ± 24,93^a	183,46
TCA (g $día^{-1}$)	0,039 ± 0,012^a	0,042 ± 0,014^a	0,036 ± 0,022^a	0,097
TCE (% $día^{-1}$)	0,338 ± 0,075^a	0,378 ± 0,089^a	0,342 ± 0,143^a	0,868

PT: Peso total. CA: Crecimiento absoluto. GP: Ganancia porcentual. TCA: Tasa de crecimiento absoluta. TCE: Tasa de crecimiento específica. Datos con letras iguales en superíndices en una fila indica que no hay diferencia estadística altamente significativa (p>0,01).

3.2.3. Variación de las tasas de crecimiento en longitud y peso de machos

Las TCA en longitud de los machos incrementaron en el primer mes de cultivo en los recipientes de 133 cm^2 a 0,014 cm $día^{-1}$, en 201 cm^2 a 0,013 cm $día^{-1}$ y de en 284 cm^2 a 0,022 cm $día^{-1}$. Al segundo mes, todas las TCA disminuyeron a 0,004 cm $día^{-1}$ en 133 cm^2, a 0,003 cm $día^{-1}$ en 201 cm^2 y en 284 cm^2 fue de – 0,003 cm $día^{-1}$; luego tiende a variar con el tiempo de cultivo de manera similar y al cuarto mes alcanzaron a 0,002 cm $día^{-1}$ en 133 cm^2, a 0,009 cm $día^{-1}$ en 201 cm^2 y en los de 284 cm^2 fue – 0,004 cm $día^{-1}$. En el control la TCA en longitud varió ampliamente durante la experiencia porque incrementó hasta 0,034 cm $día^{-1}$ en el segundo mes, luego al siguiente mes disminuyó bruscamente a 0,002 cm $día^{-1}$ y volvió a incrementar hasta 0,032 cm $día^{-1}$ al cuarto mes de cultivo (Fig. 21A).

La TCA en peso de los machos incrementó en el primer mes hasta 0,079 g $día^{-1}$ en los recipientes de 133 cm^2, a 0,090 g $día^{-1}$ en los de 201 cm^2 y a 0,117 g $día^{-1}$ en 284 cm^2. Luego disminuyeron de manera similar hasta el tercer mes a 0,012 g $día^{-1}$ en 133 cm^2, a 0,004 g $día^{-1}$ en 201 cm^2 y a 0,023 g $día^{-1}$ en 284 cm^2. En el cuarto mes de cultivo la TCA fue de – 0,006 g $día^{-1}$ en los recipientes de 133 cm^2, de 0,162 g $día^{-1}$ en 201 cm^2 y de – 0,060 en los de 284 cm^2. En el control la TCA en peso incrementó a 0,136 g $día^{-1}$ en el segundo mes, luego al siguiente mes disminuyó a 0,080 g $día^{-1}$ y al cuarto mes fue de 0,088 g $día^{-1}$ (Fig. 21B).

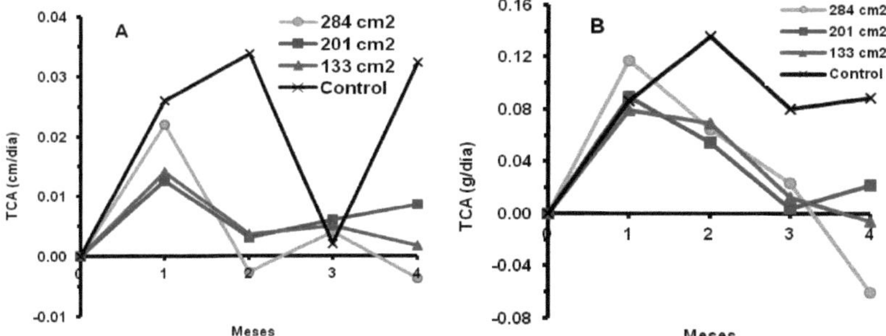

Figura 21. Tasa de crecimiento absoluta (TCA) en longitud (A) y peso (B) de machos de *C. caementarius* cultivados en recipientes individuales de diferentes tamaños instalados en acuarios. (Segundo experimento).

Las TCE en longitud de los machos incrementaron en el primer mes de cultivo en los recipientes de 133 cm^2 de 0,226 % $día^{-1}$, de 0,210 % $día^{-1}$ en los de 201 cm^2 y de 0,355 % $día^{-1}$ en 284 cm^2. Al segundo mes de cultivo todas las TCE disminuyeron a 0,057 % $día^{-1}$ en 133 cm^2, a 0,048 % $día^{-1}$ en 201 cm^2 y en 284 cm^2 la TCE fue negativa de – 0,041 % $día^{-1}$. Luego tienden a variar con el tiempo y al cuarto mes alcanzaron 0,025 % $día^{-1}$ en los recipientes de 133 cm^2, de 0,131 % $día^{-1}$ en los de 201 cm^2 y en 284 cm^2 fue de – 0,056 % $día^{-1}$. En el control la TCE en longitud incrementó a 0,514 % $día^{-1}$ en el segundo mes, luego disminuyó al siguiente mes a 0,028 % $día^{-1}$ e incrementó a 0,425 % $día^{-1}$ al cuarto mes (Fig. 22 A).

Las TCE en peso de los machos incrementaron el primer mes hasta los 0,772 % $día^{-1}$ en los recipientes de 133 cm^2, a 0,896 % $día^{-1}$ en 201 cm^2 y a 1,222 % $día^{-1}$ en 284 cm^2. Luego disminuyeron de manera similar hasta el tercer mes a 0,087 % $día^{-1}$ en 133 cm^2, a 0,028 % $día^{-1}$ en 201 cm^2 y a 0,167 % $día^{-1}$ en 284 cm^2. En el cuarto mes de cultivo la TCE fue de 0,158 % $día^{-1}$ en los recipientes de 201 cm^2, de – 0,046 % $día^{-1}$ en 133 cm^2 y de – 0,458 % $día^{-1}$ en 284 cm^2. En el control las TCE en peso incrementó al segundo mes hasta 1,258 % $día^{-1}$ luego disminuyó y al cuarto mes fue de 0,531 % $día^{-1}$ (Fig. 22B).

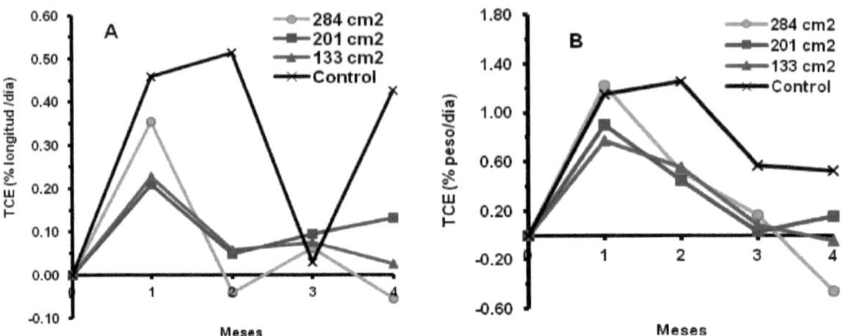

Figura 22. Tasa de crecimiento específica (TCE) en longitud (A) y peso (B) de machos de *C. caementarius* cultivados en recipientes individuales de diferentes tamaños instalados en acuarios. (Segundo experimento).

3.2.4. Factor densidad específica *k* de machos

En el segundo mes de cultivo, el factor densidad específica *k* de los machos fue significativamente diferente (p<0,01) entre tratamientos, siendo de 14,39 ± 1,30 en los recipientes de 133 cm^2, de 23,28 ± 3,78 en los de 201 cm^2 y de 31,25 ± 3,25 en 284 cm^2. En el cuarto mes, el factor densidad específica *k* fue significativamente (p<0,01) baja en 133 cm^2 con 13,58 ± 0,79 y estadísticamente similar con el de 201 cm^2 que fue de 20,44 ± 2,44, en cambio diferente con el de 284 cm^2 de 27,41 ± 4,08.

3.2.5. Factor de conversión alimenticia de machos

Al final del período experimental, el factor de conversión alimenticia de los machos fue de 10,14 ± 4,74 en los recipientes de 133 cm^2, de 8,30 ± 0,85 en los de 201 cm^2 y de 7,48 ± 1,24 en los de 284 cm^2, no existiendo diferencia significativa (p>0,01) entre tratamientos.

3.2.6. Período entre mudas de machos

El período entre mudas de los machos fue de 35,85 ± 15,31 días en los recipientes de 133 cm^2, de 32,22 ± 8,57 días en 201 cm^2 y de 24,33 ± 0,57 días en 284 cm^2, sin diferencias significativas (p>0,01); siendo el promedio general de 30,80 ± 10,15 días.

3.2.7. Supervivencia de machos

En el primer mes de cultivo, la supervivencia de los machos fue de 88,89 % en los recipientes de 133 cm^2, de 100 % en los de 201 cm^2 y de 94,44 % en 284 cm^2, sin diferencias significativas (p>0,01). En los dos siguientes meses la supervivencia tiende a mantenerse en 94,44 % en 284 cm^2 y disminuir paulatinamente a 83,33 % en los recipientes de 133 y 201 cm^2. En el último mes la supervivencia fue de 83,33 ± 16,67 % en los de 133 cm^2 y de 72,22 ± 9,61 % y de 72,22 ± 34,70 % en los de 201 y 284 cm^2, respectivamente, sin diferencias significativas (p>0,01) entre tratamientos. En el tratamiento control la supervivencia disminuyó a 27,78% en el primer mes y continuó disminuyendo hasta el cuarto mes que alcanzó 16,67 % (Fig. 23), no existiendo diferencia significativa (p>0,01) con la supervivencia de las hembras criadas en los recipientes, excepto con las de 133 cm^2 (p=0,01).

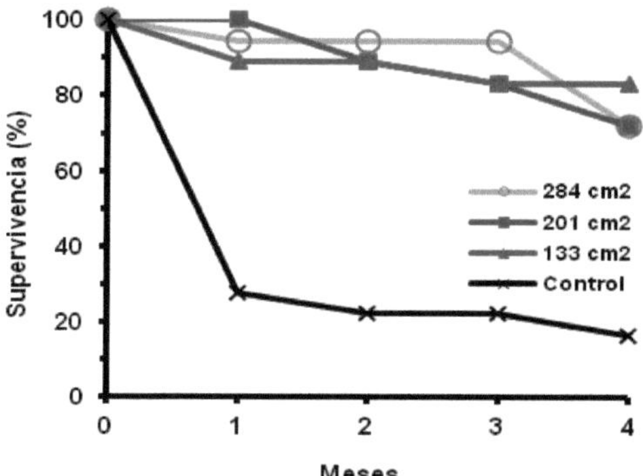

Figura 23. Supervivencia de machos de *C. caementarius* cultivados en recipientes individuales de diferentes tamaños instalados en acuarios. (Segundo experimento).

En el control (cultivo comunal) fue observado fuerte interacción agresiva entre congéneres por alimento y espacio, evidenciado por las lesiones en el cuerpo y pérdida de uno o varios de los periópodos; además hubo canibalismo desde el primer día de siembra sobre ejemplares con o sin muda, disminuyendo la supervivencia al primer mes y al cuarto mes solo sobrevivió un camarón por acuario.

En los recipientes individuales de cultivo hubo muertes aisladas no asociadas a la ecdisis (5,6 % a 11,1 %) y las muertes durante la ecdisis (5,6 % a 22,2 %) ocurrieron en el tercer y cuarto mes de cultivo (Figs. 24 y 25). Además, hubo ecdisis con autotomía del segundo par de periópodos más grande (5,2 % al 22,2 %) en los dos últimos meses (Fig. 24 y 26), cuya pérdida representó entre 30% y 40% del peso total; regenerándose en corto tiempo (21,0 ± 1,6 días) en la siguiente muda para alcanzar el tamaño normal en la subsiguiente muda. Las ecdisis normales en los recipientes disminuyeron sin diferencia significativa ($p>0,01$) de 66,6 % a 5,6 % con el tiempo de crianza (Fig. 24).

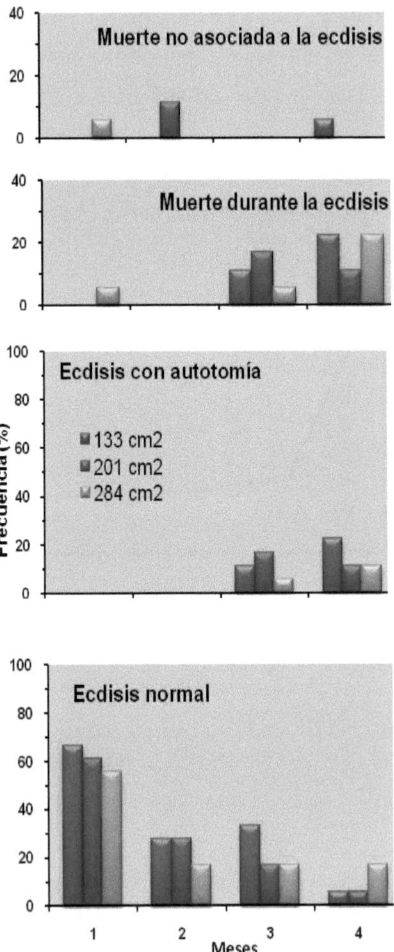

Figura 24. Frecuencia de muerte no asociada a la ecdisis, muerte durante la ecdisis, ecdisis con autotomía y ecdisis normal de machos de *C. caementarius* en recipientes individuales de diferentes tamaños instalados en acuarios. (Segundo experimento).

Las muertes de los camarones durante la ecdisis fueron al inicio, a la mitad y al final del proceso de la ecdisis. Al inicio de la ecdisis los camarones no pudieron romper la membrana que une el cefalotórax con el abdomen, observándose en dicha zona un abultamiento muscular. A la mitad de la ecdisis, los camarones murieron con el exoesqueleto del cefalotórax levantado hacia adelante. Al final de la ecdisis, los camarones lucharon por varios días por despojarse completamente del exoesqueleto que quedó atrapado en los periópodos, principalmente en el segundo par (Fig. 25), produciéndose hinchamiento y el subsecuente deterioro del músculo de ésta región del cuerpo. En todos los casos, la línea de sutura ecdisial en los periópodos no fue pronunciada en la parte de las articulaciones.

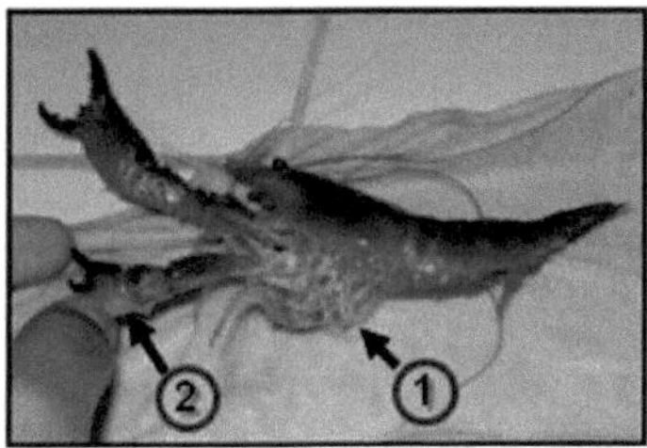

Figura 25. Macho de *C. caementarius* muerto por dificultad para completar con la ecdisis, quedando atrapado el exoesqueleto en los periópodos (1) y con hinchamiento muscular en la línea de sutura ecdisial del segundo par de periópodos (2). (Segundo experimento).

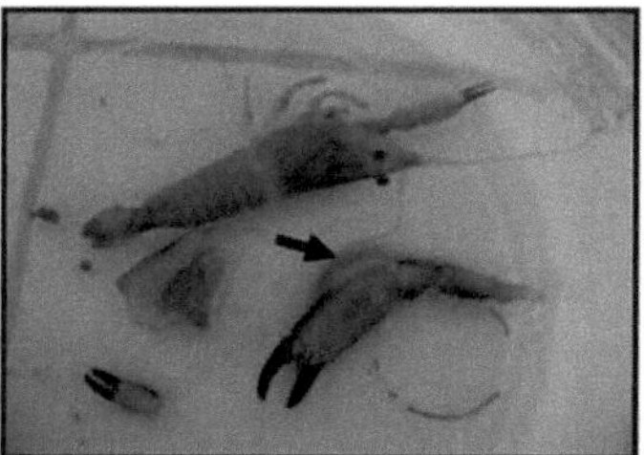

Figura 26. Macho de *C. caementarius* vivo pero con autotomía del segundo par de periópodos al no poder liberarse del exoesqueleto al final de la ecdisis. Observe el hinchamiento muscular en la sutura ecdisial del periópodo autotomizado (→). (Segundo experimento).

3.2.8. Coloración de machos

Los machos mostraron una continua pérdida de la pigmentación del exoesqueleto (Fig. 27) durante el período experimental, siendo más evidente en el cuarto mes de cultivo que además aparecieron unas lesiones melanizadas en el exoesqueleto del cefalotórax (Fig. 27B).

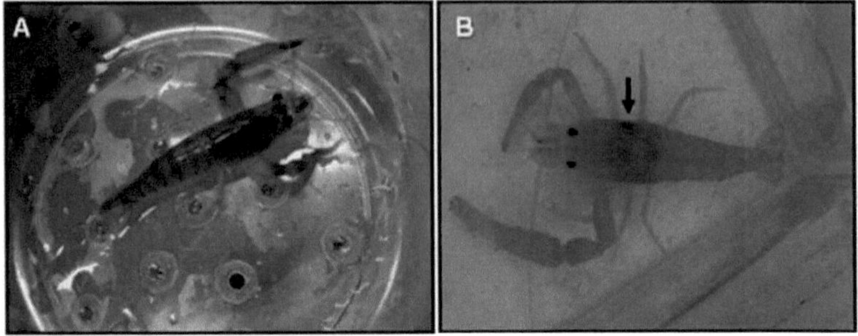

Figura 27. Machos de *C. caementarius.* A) Color del cuerpo al inicio del cultivo. B) Color del cuerpo al final de cuatro meses de cultivo. La flecha (→) indica una lesión melanizada en el cefalotórax. (Segundo experimento).

3.2.9. Estimación de la producción de machos

La producción de machos varió de manera similar durante el experimento y sin diferencias significativas ($p>0,01$) entre los cultivados en recipientes individuales, pero estas difirieron significativamente ($p<0,01$) con el tratamiento control desde el primer mes de cultivo (Fig. 28). Al inicio de la experiencia la producción promedio fue de 0,259 kg m^{-2}. La máxima producción en los recipientes de 133 cm^2 fue lograda al segundo mes de cultivo (0,390 kg m^{-2}), en los recipientes de 201 cm^2 fue en el primer mes (0,368 kg m^{-2}), en los de 284 cm^2 en el tercer mes (0,431 kg m^{-2}) y en el control al inicio del cultivo (0,081 kg m^{-2}).

A los cuatro meses de cultivo la producción en los recipientes de 133 cm^2 fue de 0,374 kg m^{-2} mayor que los obtenidos en 201 cm^2 que fue de 0,335 kg m^{-2} y de 0,313 kg m^{-2} en los de 284 cm^2, sin diferencias significativas ($p>0,01$) entre tratamientos, pero en el control fue baja de 0,094 kg m^{-2} y significativa con los demás tratamientos (Tabla 9).

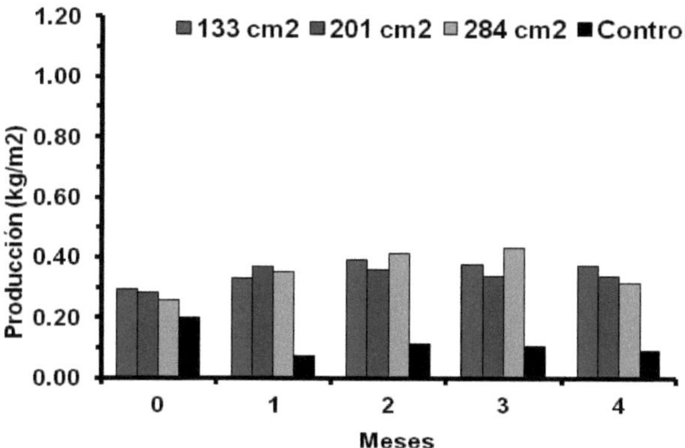

Figura 28. Producción estimada de machos de *C. caementarius* después de cuatro meses de cultivo en recipientes individuales de diferentes tamaños instalados en acuarios. (Segundo experimento).

Tabla 9: Resultados finales de densidad, peso y estimación de la producción de machos de *C. caementarius* en los recipientes de cultivo individual y en crianza comunal, en acuarios. (Media ± desviación estándar). (Segundo experimento).

Cultivo	Densidad final efectiva (Camarones m^{-2})	Peso promedio final (g)	Producción estimada (kg m^{-2})
En recipientes de:			
133 cm^2	26,88 ± 5,38[a]	13,72 ± 1,86[a]	0,374 ± 0,110[a]
201 cm^2	25,09 ± 6,21[a]	13,79 ± 3,07[a]	0,335 ± 0,037[a]
284 cm^2	23,30 ± 11,19[a]	12,29 ± 3,87[a]	0,313 ± 0,217[a]
Comunal (control)	5,38 ± 0,00[b]	17,47 ± 0,55[a]	0,094 ± 0,003[b]

Datos con letras iguales en superíndices en una columna indica que no hay diferencia significativa (p>0,01).

3.2.10. Calidad física y química del agua de crianza de machos

Durante el período experimental, hubo acumulación de alimento balanceado en los acuarios, debido a que salió por las aberturas de los recipientes de crianza ocasionado por el movimiento de los camarones, siendo aparentemente mayor en los acuarios con recipientes pequeños. La capa de espuma sintética de los filtros biológicos fue limpiada frecuentemente de los restos de materia orgánica que ocasionó taponamientos frecuentes.

No hubo diferencias estadísticas significativas en los parámetros físico y químicos del agua de los acuarios de los tratamientos, con excepción de los nitritos que fueron bajos y similares en donde hubo recipientes de cultivo pero en el control fueron altos (Tabla 10). La temperatura promedio del agua estuvo entre 22,99° y 23,27°C. La concentración promedio de oxígeno estuvo entre 5,53 y 6,11 mg L^{-1} y la del CO_2 entre 0,67 y 1,86 mg L^{-1}. La dureza total estuvo entre 201,11 y 222,78 mg L^{-1} y la alcalinidad total entre 43,72 y 47,50 mg L^{-1}. El pH varió entre 7,69 y 7,72 unidades. La concentración de amonio total estuvo entre 0,00 y 0,01 mg L^{-1}, los nitritos entre 0,14 y 0,38 mg L^{-1} y los nitratos entre 5,49 y 6,75 mg L^{-1}.

Tabla 10: Parámetros físico y químicos (Media ± desviación estándar) del agua de los acuarios de cultivo de machos de *C. caementarius*. (Segundo experimento).

	Tamaño de recipientes de cultivo individual			
Parámetros	133 cm^2	201 cm^2	284 cm^2	Control
Temperatura (°C)	23,27 ± 1,19^a	23,26 ± 0,34^a	23,00 ± 0,32^a	22,99 ± 0,22^a
O_2 (mg L^{-1})	5,58 ± 0,11^a	5,55 ± 0,07^a	5,53 ± 0,31^a	6,11 ± 0,20^a
CO_2 (mg L^{-1})	1,86 ± 0,19^a	1,75 ± 0,17^a	1,86 ± 0,49^a	0,97 ± 0,31^a
Dureza total (mg L^{-1})	222,78 ± 16,44^a	213,11 ± 8,70^a	201,11 ± 4,82^a	206,10 ± 16,04^a
Alcalinidad total (mg L^{-1})	44,89 ± 2,87^a	43,72 ± 3,75^a	47,50 ± 3,64^a	44,81 ± 4,84^a
pH	7,72 ± 0,05^a	7,71 ± 0,02^a	7,72 ± 0,02^a	7,69 ± 0,10^a
Amonio total (mg L^{-1})	0,00 ± 0,00^a	0,01 ± 0,01^a	0,01 ± 0,00^a	0,01 ± 0,01^a
Nitritos (mg L^{-1})	0,19 ± 0,12^a	0,14 ± 0,09^{ab}	0,23 ± 0,06^a	0,38 ± 0,04^{ac}
Nitratos (mg L^{-1})	4,87 ± 0,23^a	5.96 ± 1,85^a	5,70 ± 1,62^a	5,44 ± 0,51^a

Datos con letras iguales en superíndices en una misma fila indica que no hay diferencia significativa ($p>0,01$).

3.3 Experimento 3: Cultivo de camarones machos de C. caementarius en recipientes individuales instalados en tanques

3.3.1. Crecimiento en longitud y peso de machos

Las curvas de crecimiento en longitud y peso de los machos de *C. caementarius* criados en los recipientes individuales fue ligeramente exponencial hasta el segundo mes de cultivo alcanzando 5,53 cm y 6,14 g en los recipientes de 133 cm^2, de 6,03 cm y 7,56 g en los de 201 cm^2 y de 6,75 cm y 11,11 g en los de 284 cm^2. Al cuarto mes los camarones alcanzaron 6,14 cm y 8,09 g en los recipientes de 133 cm^2; de 6,55 cm y 9,99 g en los de 201 cm^2; y de 7,04 cm y 13,03 g en los de 284 cm^2, pero sin diferencias estadísticas significativas (p>0,01) (Figs. 29 A y B).

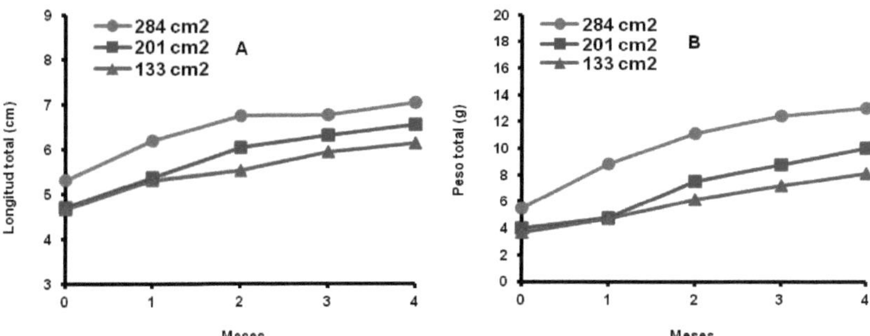

Figura 29. Variación del crecimiento en longitud (A) y en peso (B) de machos de *C. caementarius* después de cuatro meses de cultivo en recipientes individuales de diferentes tamaños instalados en tanques. (Tercer experimento).

3.3.2. Parámetros de crecimiento en longitud y peso de machos

Al final del experimento el CA en longitud de los machos fue mayor en los recipientes de 201 cm^2 (1,85 cm) y menor en los de 133 cm^2 (1,47 cm) sin diferencias significativas (p>0,01) y con un r = 0,626. La GP en longitud fue mayor en los recipientes de 201 cm^2 (39,45 %) y menor en 133 cm^2 (31,53 %) sin diferencias significativas (p>0,01) y con un r = 0,123 (Tabla 11).

Al final del experimento la TCA en longitud de los machos fue mayor en los recipientes de 201 cm^2 (0,015 cm $día^{-1}$) y menor en 133 cm^2 (0,013 cm $día^{-1}$), sin diferencias significativas (p>0,01) y con un r = 0,610. La TCE de longitud fue mayor en los recipientes de 201 cm^2 (0,277 % día^{-1}) y menor en 133 cm^2 (0,228 % día^{-1}), sin diferencias significativas (p>0,01) y con un r = 0,095 (Tabla 11).

Tabla 11: Parámetros de crecimiento en longitud de machos de *C. caementarius* después de cuatro meses de cultivo en recipientes individuales de diferentes tamaños instalados en tanques. (Media ± desviación estándar). (Tercer experimento).

	Tamaño de recipientes de cultivo individual		
Parámetros	133 cm^2	201 cm^2	284 cm^2
LT inicial (cm)	4,67 ± 0,17^a	4,70 ± 0,05^a	5,31 ± 0,52^a
LT final (cm)	6,14 ± 0,38^a	6,55 ± 0,24^a	7,04 ± 0,36^a
CA (cm)	1,47 ± 0,27^a	1,85 ± 0,25^a	1,73 ± 0,39^a
GP (%)	31,53 ± 5,36^a	39,45 ± 5,52^a	33,03 ± 9,43^a
TCA (cm día^{-1})	0,013 ± 0,002^a	0,015 ± 0,002^a	0,014 ± 0,003^a
TCE (% día^{-1})	0,228 ± 0,034^a	0,277 ± 0,033^a	0,236 ± 0,060^a

LT: Longitud total. CA: Crecimiento absoluto. TCA: Tasa de crecimiento absoluta. GP: Ganancia porcentual. TCE: Tasa de crecimiento específica. Letras iguales en superíndices en una fila indica que no hay diferencia significativa (p>0,01).

Al final del experimento el CA en peso de los machos fue menor en los recipientes de 133 cm^2 (4,41 g) y casi el doble en 284 cm^2 (7,67 g), sin diferencias significativas (p>0,01) y con un r = 0,999. La GP en peso fue menor en los recipientes de 133 cm^2 (119,06 %) y mayor en los de 201 cm^2 (154,33 %) pero sin diferencias significativas (p>0,01) entre tratamientos y con un r = 0,729 (Tabla 12).

Al final del experimento la TCA en peso de los machos fue menor en los recipientes de 133 cm^2 (0,037 g día^{-1}) y casi el doble en 284 cm^2 (0,064 g día^{-1}), sin diferencias significativas (p>0,01) y con un r = 0,999. La TCE en peso fue menor en los recipientes de 133 cm^2 (0,650 % día^{-1}) y mayor en 201 cm^2 (0,764 % día^{-1}), sin diferencias significativas (p>0,01) y con un r = 0,716 (Tabla 12).

Tabla 12: Parámetros de crecimiento en peso de machos de *C. caementarius* después de cuatro meses de cultivo en recipientes individuales de diferentes tamaños instalados en tanques. (Media ± desviación estándar). (Tercer experimento).

	Tamaño de recipientes de cultivo individual		
Parámetros	133 cm^2	201 cm^2	284 cm^2
PT inicial (g)	3,68 ± 0,23^a	3,60 ± 0,54^a	7,63 ± 3,23^a
PT final (g)	8,09 ± 1,37^a	9,99 ± 0,62^a	13,20 ± 1,99^a
CA (g)	4,41 ± 1,17^a	5,95 ± 1,13^a	7,67 ± 1,82^a
GP (%)	119,06 ± 25,41^a	154,33 ± 59,33^a	147,85 ± 58,52^a
TCA (g día^{-1})	0,037 ± 0,009^a	0,050 ± 0,009^a	0,064 ± 0,015^a
TCE (% día^{-1})	0,650 ± 0,095^a	0,567 ± 0,462^a	0,741 ± 0,197^a

PT: Peso total. CA: Crecimiento absoluto. GP: Ganancia porcentual. TCA: Tasa de crecimiento absoluta. TCE: Tasa de crecimiento específica. Datos con letras iguales en superíndices en una fila indica que no hay diferencia estadística altamente significativa (p>0,01).

3.3.3. Variación de las tasas de crecimiento en longitud y peso de machos

Las TCA en longitud de los machos incrementaron en el primer mes de cultivo, siendo en los recipientes de 133 cm^2 de 0,022 cm $día^{-1}$, de 0,023 cm $día^{-1}$ en los de 201 cm^2 y de 0,029 cm $día^{-1}$ en 284 cm^2. Luego en los siguientes meses todas las TCA disminuyeron alcanzando al cuarto mes 0,006 cm $día^{-1}$ en los recipientes de 133 cm^2, a 0,008 cm $día^{-1}$ en 201 cm^2 y a 0,009 cm $día^{-1}$ 284 cm^2 (Fig. 30A).

La TCA en peso de los machos cultivados en los recipientes de 284 cm^2 incrementó en el primer mes hasta 0,111 g $día^{-1}$, en cambio en los recipientes de 201 y 133 cm^2 incrementaron hasta el segundo mes a 0,092 y 0,047 g $día^{-1}$, respectivamente. Luego todas disminuyeron paulatinamente hasta el cuarto mes a 0,029 g $día^{-1}$ en los recipientes de 133 cm^2, a 0,040 g $día^{-1}$ en los de 201 cm^2 y a 0,021 g $día^{-1}$ en 284 cm^2 (Fig. 30B).

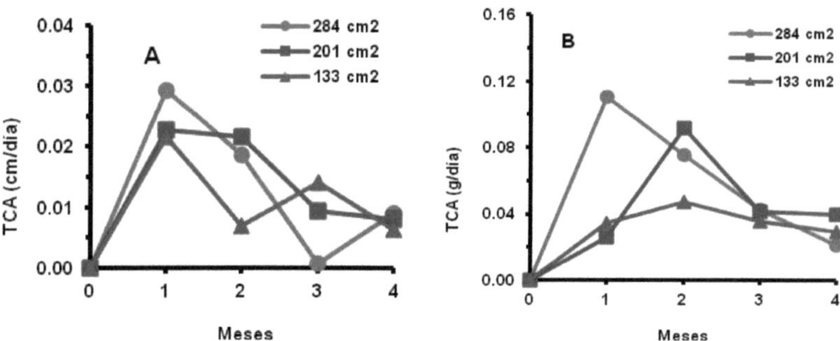

Figura 30. Tasa de crecimiento absoluta (TCA) en longitud (A) y peso (B) de machos de *C. caementarius* cultivados en recipientes individuales de diferentes tamaños instalados en tanques. (Tercer experimento).

Las TCE en longitud de los machos incrementaron en el primer mes de crianza, siendo en los recipientes de 133 cm^2 de 0,434 % $día^{-1}$, de 0,450 % $día^{-1}$ en los de 201 cm^2 y de 0,511 % $día^{-1}$ en 284 cm^2. Luego la TCE disminuye en todos los tratamientos y al cuarto mes los camarones criados en 201 cm^2 alcanzaron 0,124 % $día^{-1}$, en los recipientes de 284 cm^2 fue de 0,130 % $día^{-1}$ y en 133 cm^2 fue de 0,105 % $día^{-1}$ (Fig. 31A). Las TCE en peso de los machos incrementaron en el primer mes hasta 0,830 % $día^{-1}$ en los recipientes de 133 cm^2 y a 1,567 % $día^{-1}$ en los de 284 cm^2 para luego disminuir hasta el cuarto mes que alcanzaron a 0,384 % $día^{-1}$ en los de 133 cm^2 y a 0,211 % día^{-1} en los de 284 cm^2. En cambio en los recipientes de 201 cm^2 incrementó hasta el segundo mes de cultivo a 1,507 % día^{-1} pero luego disminuyó a 0,423 % día^{-1} en el cuarto mes (Fig. 31B).

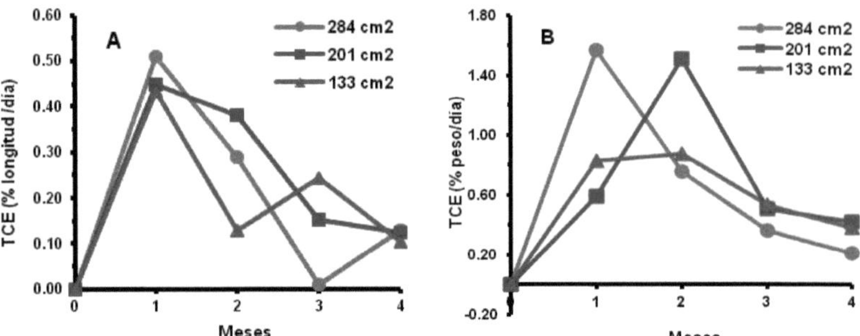

Figura 31. Tasa de crecimiento específica (TCE) de crecimiento en longitud (A) y peso (B) de machos de *C. caementarius* cultivados en recipientes individuales de diferentes tamaños instalados en tanques. (Tercer experimento).

3.3.4. Factor densidad específica *k* de machos

En el segundo mes de cultivo, el factor densidad específica *k* de los machos fue significativamente diferente ($p<0,01$) entre tratamientos, siendo de 19,32 ± 1,56 en los recipientes de 133 cm^2, de 25,06 ± 2,84 en los de 201 cm^2 y de 28,70 ± 1,90 en 284 cm^2. En el cuarto mes de ccultivo, en los recipientes de 133 cm^2 el factor *k* fue de 16,06 ± 1,84 significativamente similar ($p>0,01$) al obtenido en 201 cm^2 que fue de 21,47 ± 1,43, pero el de 284 cm^2 fue de 26,65 ± 2,55 diferente al obtenido en 133 cm^2.

3.3.5. Factor de conversión alimenticia de machos

Al final del período experimental, el factor de conversión alimenticia de los machos fue de 7,28 ± 1,55 en los recipientes de 133 cm^2, de 5,23 ± 0,81 en los de 201 cm^2 y de 6,22 ± 0,83 en los de 284 cm^2, no existiendo diferencia significativa ($p>0,01$) entre tratamientos.

3.3.6. Supervivencia de machos

Todos los camarones machos supervivieron en los recipientes de 133 y 201 cm^2 durante el período experimental. En los recipientes de 284 cm^2 la supervivencia disminuyó a 86,67 ± 11,55 % en el segundo mes manteniéndose hasta el final de la experiencia (Fig. 32).

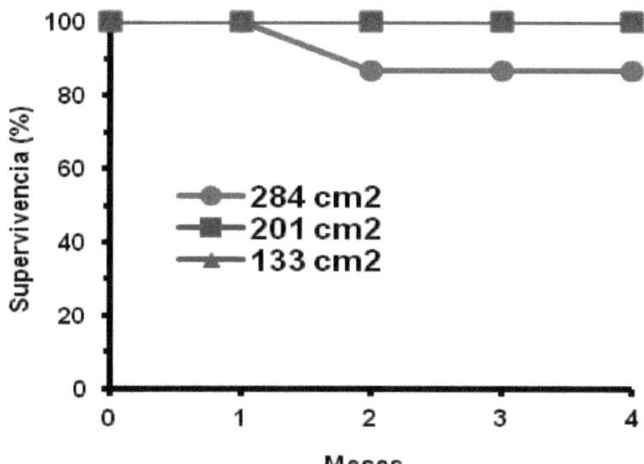

Figura 32. Supervivencia de machos de *C. caementarius* cultivados en recipientes individuales de diferentes tamaños instalados en tanques. (Tercer experimento).

En los recipientes de 284 cm^2, dos camarones (13,33 %) murieron durante la ecdisis en el segundo mes de cultivo (Fig. 33). La ecdisis con autotomía del segundo par de periópodos se presentó en un camarón (20 %) en los recipientes de 133 cm^2 y en dos camarones (6,67 % y 13,33 %) en 284 cm^2, en el tercer y cuarto mes, respectivamente. En los recipientes de 201 cm^2 todas las ecdisis fueron normales; en los de 133 cm^2 solo en el segundo mes de cultivo hubo disminución de las ecdisis normales (80 %) y en 284 cm^2 hubo disminución desde el segundo mes de cultivo hasta el final de la experiencia (86,67 % y 93,33 %), sin diferencia significativa ($p>0,01$) (Fig. 33).

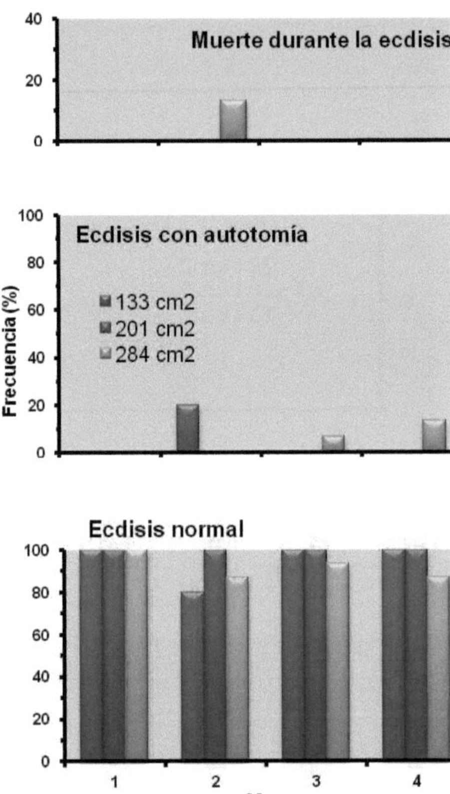

Figura 33. Frecuencia de muerte durante la ecdisis, ecdisis con autotomía y ecdisis normal de machos de *C. caementarius* cultivados en recipientes individuales de diferentes tamaños instalados en tanques. (Tercer experimento).

3.3.7. Coloración de machos

Los machos mostraron una ligera pérdida de la pigmentación del exoesqueleto durante el período experimental, siendo evidente en el cuarto mes de cultivo (Fig. 34).

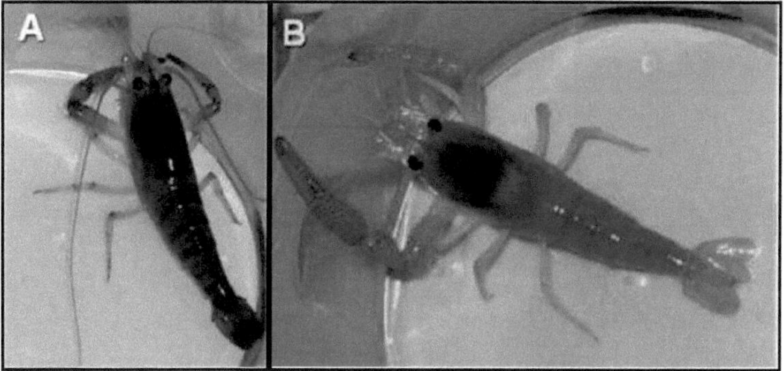

Figura 34. Machos de *C. caementarius.* A) Color del cuerpo al inicio del cultivo. B) Color del cuerpo al final de cuatro meses de cultivo. (Tercer experimento).

3.3.8. Estimación de la producción de machos

Al inicio de la experiencia no hubo diferencia significativa (p>0,01) en la producción de machos entre tratamientos. Luego, la producción incrementó paulatinamente en todos los tamaños de recipientes durante el período experimental, principalmente en los de 284 cm^2 (Fig. 35). La producción final fue mayor en los recipientes de 284 cm^2 (1,049 kg m^{-2}), seguida por los de 201 cm^2 (0,941 kg m^{-2}) y los de 133 cm^2 (0,763 kg m^{-2}), pero no hubo diferencias significativas (Tabla 13).

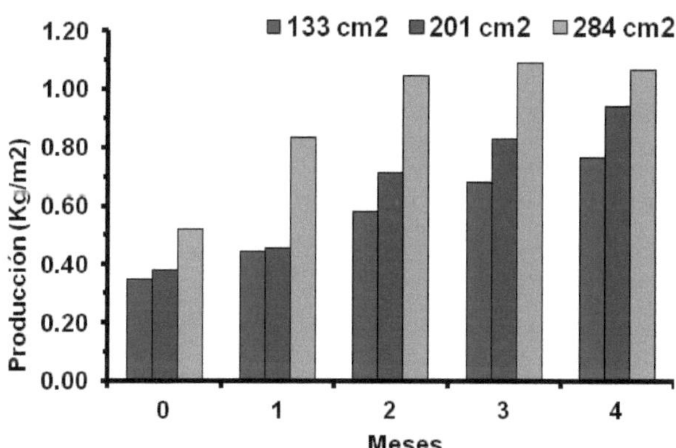

Figura 35. Producción estimada de machos de *C. caementarius* cultivados en recipientes individuales de diferentes tamaños instalados en tanques. (Tercer experimento).

Tabla 13: Resultados finales de densidad, peso y estimación de la producción de machos de *C. caementarius* cultivados en recipientes individuales de diferentes tamaños instalados en tanques. (Media ± desviación estándar). (Tercer experimento).

Tamaño de recipientes	Densidad final efectiva (Camarones m^{-2})	Peso promedio final (g)	Producción estimada (kg m^{-2})
133 cm^2	94,34 ± 0,00	8,09 ± 1,37[a]	0,763 ± 0,129[a]
201 cm^2	94,34 ± 0,00	9,99 ± 0,62[ab]	0,941 ± 0,058[a]
284 cm^2	81,76 ± 10,89	13,20 ± 1,99[b]	1,049 ± 0,059[a]

Datos con letras iguales en superíndices en una columna indica que no hay diferencia significativa (p>0,05).

3.3.9. Calidad física y química del agua de crianza de machos

Durante el período experimental, el alimento balanceado que salió por las aberturas de los recipientes de cultivo, ocasionado por el movimiento de los camarones, fue acumulado en los tanques pero no fue cuantificado y hubo dificultad para observarlo por la profundidad del agua de los tanques, sin embargo, ello ocasionó taponamientos frecuentes de la capa de espuma sintética del filtro biológico. Aun así, no hubo diferencias estadísticas significativas (p>0,01) en los parámetros físico y químicos del agua de los tanques de los tratamientos (Tabla 14). La temperatura promedio del agua estuvo entre 21,32° y 21,52°C. La concentración de oxígeno estuvo entre 5,81 y 6,15 mg L^{-1} y la del CO_2 entre 1,50 y 2,27 mg L^{-1}. La dureza total estuvo entre 146,67 y 155,56 mg L^{-1} y la alcalinidad total entre 53,33 y 56,00 mg L^{-1}. El amonio total fue de 0,01 mg L^{-1} y los nitritos variaron entre 0,10 y 0,13 mg L^{-1}.

Tabla 14: Parámetros físico y químicos (Media ± desviación estándar) del agua de los acuarios de cultivo de machos de *C. caementarius*, durante cuatro meses. (Tercer experimento).

	Tamaño de recipientes de crianza individual		
Parámetros	133 cm^2	201 cm^2	284 cm^2
Temperatura (°C)	21,48 ± 0,54[a]	21,52 ± 0,45[a]	21,32 ± 1,23[a]
O_2 (mg L^{-1})	5,88 ± 0,56[a]	6,15 ± 0,37[a]	5,81 ± 0,73[a]
CO_2 (mg L^{-1})	1,64 ± 0,70[a]	1,50 ± 1,27[a]	2,27 ± 1,78[a]
Dureza total (mg L^{-1})	155,56 ± 19,44[a]	146,67 ± 22,36[a]	150,00 ± 21,60[a]
Alcalinidad total (mg L^{-1})	53,33 ± 7,07[a]	55,56 ± 10,14[a]	56,00 ± 9,66[a]
Amonio total (mg L^{-1})	0,01 ± 0,02[a]	0,01 ± 0,02[a]	0,01 ± 0,02[a]
Nitritos (mg L^{-1})	0,13 ± 0,15[a]	0,11 ± 0,07[a]	0,10 ± 0,08[a]

Datos con letras iguales en superíndices en una misma fila indica que no hay diferencia significativa (p>0,01).

IV. DISCUSIÓN

El crecimiento y la supervivencia de las hembras y los machos del camarón de río *C. caementarius,* de entre 4 y 6 cm, no fueron afectados significativamente ($p>0,01$) durante los seis y cuatro meses de cultivo, respectivamente, en los recipientes individuales de tamaños entre 133 y 284 cm^2; siendo el primer reporte de cultivo de la especie en estas condiciones. En *C. quadricarinatus*, el crecimiento de hembras y machos disminuye significativamente en los recipientes de 201 cm^2 más no en 321 y 485 cm^2 durante 98 y 206 días de cultivo, respectivamente (Manor et al., 2002).

Evans y Jussila (1997) recomiendan utilizar como parámetro de crecimiento la TCE ya que se basa en una tendencia de crecimiento exponencial que se observa típicamente en las mediciones de incremento en peso con el tiempo, en el cultivo de juveniles y adultos de crustáceos de agua dulce; aunque también sugieren emplear la TCA siempre que el tamaño inicial de los camarones y el período de cultivo sean las mismas entre tratamientos. En cambio, Guerra y Sánchez (1998) consideran que la forma más adecuada para conocer realmente el crecimiento de un organismo es calcular la TCE a intervalos de tiempo más o menos distantes, debido a que ésta no suele ser constante a lo largo de la vida. En el presente estudio, empleamos las TCE y TCA para evaluar el crecimiento del camarón y fue observado diferente patrón de variación tanto en hembras como en machos de *C. caementarius* cultivados en recipientes individuales.

Las TCE y las TCA de los camarones machos cultivados en los diferentes tamaños de recipientes individuales de los dos últimos experimentos se incrementaron en el primer y en algunos hasta el segundo mes de cultivo, pero luego disminuyeron gradualmente con el tiempo y de manera similar sucedió con los del tratamiento control, lo que indica que los machos no fueron afectados por el cultivo en los recipientes individuales, aunque Van Olst y Carlberg (1978) determinan que la disminución a través del tiempo de la tasa de crecimiento en *H. americanus* es producido por el reducido espacio físico de los recipientes individuales de cultivo, sin embargo ellos no lo comparan con el cultivo comunal. Similar disminución de la TCE a través del tiempo sucede en el cultivo individual de juveniles de *H. gammarus* (Schmalenbach et al., 2009). De igual manera, en cultivo comunal de adultos de *M. rosenbergii* la TCE disminuye en el tiempo (El-Sherif y Ali, 2009) y también en *C.*

caementarius, porque según los datos presentados por Ponce (1977) y Aybar (1982) hay disminución de la TCE en peso a través del tiempo empleando diferentes tasas de recambio de agua en adultos y en postlarvas alimentados con diferentes niveles de proteína (34 a 55 %), respectivamente. Estos resultados indican que la TCE de los crustáceos disminuyen conforme el animal crece, al igual que en peces cuya TCE también disminuye al aumentar el peso (Hepher, 1993; Jover, 2000).

En el caso de los camarones hembras de *C. caementarius*, las TCE y TCA siguieron otro patrón de variación debido al proceso reproductivo que tuvieron durante los seis meses de cultivo en todos los recipientes individuales, pero sin diferencias significativas ($p>0,01$) entre tratamientos incluyendo los del control. Así, del tercer al quinto mes de cultivo hubo incremento de las TCE y TCA que coincidió con el menor número de hembras ovíferas, sugiriendo que en este período la energía fue utilizada para el crecimiento. En cambio fue evidente la disminución de las TCE y TCA tanto en el segundo como en el sexto mes de cultivo, que coincidió con la presencia de mayor número de hembras ovíferas en esos meses. En este último caso las hembras deben haber empleado una fuerte reserva energética en la maduración ovárica y en el desove que afectó el crecimiento, similar a *M. rosenbergii* (Ra'anan et al., 1991) y *M. jelskii* (Urbano et al., 2010), y más aún, por no haber apareamiento con machos, los huevos no fueron viables, siendo liberados en una semana, como lo indica Vegas et al. (1981), ocasionando pérdida de peso de las hembras en los muestreos y al final amplia variación en las correlaciones de los parámetros de crecimiento con el tamaño de los recipientes ($r = -0,510$ y $r = -0,836$, respectivamente).

Además, los resultados indican que la reproducción de los camarones hembras no fue alterada durante el cultivo en los diferentes tamaños de recipientes al no haber significancia ($p>0,01$) en las tasas y frecuencias de desove entre tratamientos. Se han mostrado evidencias que para la maduración ovárica los crustáceos almacenan nutrientes en su hepatopáncreas y luego lo utilizan durante el desarrollo ovárico (Harrison, 1990; Ra'anan et al., 1991). En el presente estudio, este proceso debe haberse llevado a cabo normalmente aún en condiciones de reducido espacio de cultivo; siendo el primer reporte de maduración y desove de la especie en el sistema de recipientes individuales, lo cual abre la posibilidad de emplearlo en el manejo de hembras para diversos estudios y aplicaciones comerciales. Jussila (1997) indica que el sistema de cultivo individual ofrece suficientes recursos tanto para el crecimiento como para la maduración de *C. tenuimanus*. No hay otros informes de maduración y desove de crustáceos cultivados en recipientes individuales, pues solo se informa del crecimiento de hembras de *C. quadricarinatus* en similar sistema de cultivo (Manor et al., 2002).

Al final de los dos primeros experimentos realizados en acuarios, los tamaños de recipientes de cultivo individual no afectaron significativamente ($p>0,01$) el período entre mudas de los camarones (34 días en hembras y 31 días en machos), estando dentro de los 28 y 40 días reportados para adultos de *C. caementarius* cultivados en acuarios (Verástegui, 1983; Reyes et al., 2002; Reyes y Luján, 2003; Reyes et al., 2010), lo cual es otro indicativo de que *C. caementarius* tolera el cultivo individual en espacio físico reducido. En *H. americanus*, el reducido espacio físico de los recipientes de cultivo individual ocasiona alargamiento del período de intermuda (Van Olst y Carlberg, 1978).

Así mismo, al final del período experimental los parámetros de crecimiento de los camarones hembras y machos de *C. caementarius* cultivados en los recipientes individuales instalados en acuarios fueron similares ($p>0,01$), lo que indica también que la especie tolera el cultivo en espacio físico reducido durante seis y cuatro meses, respectivamente; sin embargo, las tendencias del crecimiento fueron diferentes.

En los camarones hembras de *C. caementarius* a los seis meses de cultivo, la tendencia de mayor crecimiento fue obtenida en los recipientes pequeños por la mayor GP en longitud (32,23 %) y en peso (136,08 %) y mayores TCA (0,008 cm $día^{-1}$ y 0,019 g $día^{-1}$, respectivamente) y TCE (0,154 % de longitud $día^{-1}$ y 0,468 % de peso $día^{-1}$, respectivamente), seguido por las obtenidas en los recipientes medianos y grandes. La TCE en peso de las hembras en los recipientes pequeños fue similar al mínimo valor obtenido en *C. tenuimanus* (0,4 a 0,8 % $día^{-1}$) (Jussila, 1997) y menor al de *C. quadricarinatus* (0,8 % $día^{-1}$) (Manor et al., 2002), ambos en cultivo individual.

El mayor crecimiento de las hembras del primer experimento en los recipientes pequeños sugiere que en este tamaño de recipientes ellas deben haber gastado menos energía por el limitado desplazamiento que tuvieron, aun cuando hubo alto FCA por pérdida de alimento de los recipientes, destinándose el exceso de energía, según el caso, a la reproducción o al crecimiento, pues hay evidencia de que el continuo movimiento en juveniles de *C. caementarius* ocasiona alta tasa metabólica (87 % a 91 %) que afecta el crecimiento en peso (Zúñiga y Ramos, 1987). Aunque no hay estudios de las demandas de energía en hembras de la especie, sin embargo hay inversión para la reproducción, que debe ser alta, y también para otros procesos como para la migración en los ríos hasta los 350 msnm y a 85 km desde la desembocadura (Elías, 1960; Viacava et al, 1978), pero durante el cultivo en recipientes no fue necesario gastar energía para desplazamiento. Estos resultados evidencian la alta tolerancia de las hembras de *C. caementarius* a crecer y madurar al mismo tiempo en espacio físico reducidos (133 cm^2), en comparación a las hembras de *C. quadricarinatus* cuyo crecimiento es afectado en recipientes de espacio limitado (201 cm^2), más no en los recipientes grandes (490 cm^2) (Manor et al., 2002).

En cambio, en los camarones machos de *C. caementarius* del segundo experimento, cultivados en recipientes individuales instalados en acuarios durante cuatro meses, la tendencia de mayor crecimiento fue observada en los recipientes medianos por la mayor GP en longitud (15,49 %) y en peso (58,03 %), mayor TCA (0,008 cm $día^{-1}$ y 0,042 g $día^{-1}$, respectivamente) y TCE (0,120 % de longitud $día^{-1}$ y 0,378 % de peso $día^{-1}$, respectivamente); siendo la TCE en peso similar al mínimo valor obtenido en *C. tenuimanus* (0,4 a 0,8% $día^{-1}$) en cultivo individual (Jussila, 1997) y en *C. caementarius* (0,4 a 0,6 % $día^{-1}$) en cultivo comunal (Ponce, 1977). Sin embargo, las tendencias del crecimiento de los camarones no muestran relación con el tamaño de los recipientes de cultivo, debido a que los machos tuvieron dificultades en completar con la ecdisis que ocasionó lento crecimiento al ser similar al de las hembras del primer experimento. Es por ello que no fue posible comprobar que en los recipientes mas grandes se logra mayor crecimiento de los camarones machos, como es reportado en otros crustáceos (Manor et al., 2002). A pesar de ello, los resultados evidencian los problemas que trae consigo una deficiente nutrición para el proceso de muda, aunado al canibalismo propio de la especie.

Se conoce que todos los crustáceos realizan ciclos de muda para reproducción o crecimiento. El ciclo de muda comprende los estados de postmuda, intermuda, premuda y culmina con la ecdisis o sea con el proceso de expulsión del exoesqueleto (Reyes y Luján, 2003). La ecdisis es una etapa de riesgo porque una vez iniciada la exuviación activa ésta debe ser completada o el animal muere (Phlippen et al., 2000). En el segundo experimento hubo muertes durante la ecdisis de camarones machos de *C. caementarius*, observándose los tres tipos de muertes por muda descritos en *Orconectes virilis* (Aiken, 1969), pero aquellos camarones que tuvieron dificultad para despojarse completamente del exoesqueleto realizaron autotomía del quelípodo mayor para sobrevivir, lo cual afectó las tasas de crecimiento de los camarones criados en los recipientes individuales en los dos últimos meses.

La muerte durante la ecdisis, conocida en crustáceos decápodos como el síndrome de muerte por muda, y la ecdisis con autotomía, son atribuidas a deficiencias nutricionales (D'Abramo et al., 1981; Hari y Kurub., 2002; Matthews y Maxwell, 2007) y también a desbalance hormonal (Aiken, 1969) como al incremento excesivo de la hormona hiperglicemiante de crustáceos (Chung et al., 1999), pero no han sido completamente dilucidadas. El síndrome de muerte por muda es reportado en *O. virilis* (Aiken, 1969), *Panulirus homarus* (Thomas, 1972), *H. americanus* (Browser y Rosemark, 1981), en hembras de *C. caementarius* con pedúnculos oculares ablacionados (Verástegui, 1983) es decir con desbalance hormonal, entre otros.

La ecdisis con autotomía del segundo par de periópodos observado solo en camarones machos de *C. caementarius* cultivados en todos los tamaños de recipientes del segundo experimento, permitió que los animales sobrevivan ante la dificultad para liberarse del exoesqueleto atrapado principalmente en el quelípodo mayor, debido a la incompleta abertura de la línea de sutura ecdisial, principalmente en las articulaciones, impidiendo la salida del cuerpo del animal y ocasionando que el tejido se hinche en toda esta zona lo que debe haber estimulado al camarón a la autotomía. Esta estrategia de la ecdisis con autotomía es presentada en camarones machos de *M. nobilii* (Mariappam y Balasundaram, 1999) pero en machos de *C. caementarius* fue la primera vez. Además, la pérdida del quelípodo mayor ocasionó disminución de entre 30 y 40 % del peso total de los camarones, estando a lo determinado por Tello (1972), lo cual condujo a la disminución del crecimiento en peso.

Sin embargo, la autotomía del quelípodo indujo una muda precoz que permitió en corto tiempo (21 días) regenerar el quelípodo perdido, como ocurre en los crustáceos decápodos (Stoffel y Hubschaman, 1974; Nakatami y Ōtsu, 1979; Yu et al., 2002; Buřič et al., 2009), por la necesidad de contar con este apéndice para cumplir con su función biomecánica (Levinton et al., 1995), aun cuando para este proceso se requiera energía metabólica (Mariappam, et al., 2000) pues se ha demostrado que la asignación de energía para la regeneración de apéndices afecta el desarrollo y la reproducción de los crustáceos (Maginnis, 2006). En consecuencia, la ecdisis con autotomía del quelípodo mayor repercutió negativamente en el crecimiento en peso de los camarones machos de *C. caementarius* en los dos últimos meses del segundo experimento, por ello que solo alcanzaron entre 12 y 14 g y no el peso comercial (20 g) esperado.

Ante ésta situación, el tercer experimento fue realizado para probar si las dificultades con la ecdisis (Síndrome de muerte por muda y ecdisis con autotomía) de los camarones machos de *C. caementarius*, que aparecieron a partir del tercer mes de cultivo en el segundo experimento, fue por efecto del estrés al cultivo en los recipientes individuales o por desbalance nutricional y además para comprobar el patrón de variación de las TCE y TCA. Para ello se asumió que el uso de alimento balanceado (comercial) para camarón de mar no tuvo los nutrientes apropiados para cubrir las necesidades fisiológicas del camarón de río.

En este sentido, la reformulación de alimento balanceado con la inclusión del 1 % de lecitina de soya fue efectiva en evitar el síndrome de muerte por muda y la ecdisis con autotomía de los camarones machos de *C. caementarius* durante cuatro meses de cultivo. Todos los camarones machos supervivieron en los recipientes de 133 y 201 cm^2, y solo dos camarones (13%) en los recipientes de 284 cm^2 sufrieron éste síndrome. Estos resultados confirman que las dificultades con la ecdisis no fue consecuencia del reducido espacio físico de los recipientes de cultivo sino más bien que los camarones machos mayores de 5 cm son exigentes a una dieta balanceada con nutrientes para el proceso normal de la muda y para el crecimiento. En *H. americanus* el uso de 7,5 % de lecitina de soya disminuye significativamente el síndrome de muerte por muda (Browser y Rosemark, 1981), aunque también es efectivo el 1 y 2 % (D'Abramo et al., 1981), debido a que la lecitina de soya mejora la asimilación del colesterol que es precursor de la hormona de la muda (Teshima et al., 1997). En cautiverio, los camarones adultos de *C. caementarius* parece que requiere una dieta con baja concentración de lecitina de soya.

Al mejorarse el proceso de la ecdisis con el nuevo alimento balanceado empleado con los camarones machos de *C. caementarius* del tercer experimento se duplicaron los parámetros de crecimiento en longitud y peso; aun así, las TCE y TCA siguieron el mismo patrón de variación identificado en machos del segundo experimento. La mayor TCE en peso (0,741 % día^{-1}) estuvo cercano al valor máximo reportado para *C. tenuimanus* (0,4 a 0,8 % día^{-1}) con mejor crecimiento en cultivo individual (Jussila, 1997), aunque menor al obtenido en *C. quadricarinatus* (1,2 % día^{-1}) también en cultivo individual (Manor et al., 2002); en cambio fueron superiores a los obtenidos en *C. caementarius* (0,4 a 0,6 % día^{-1}) pero en cultivo comunal (Ponce, 1977).

Además, es probable que el rápido crecimiento de los machos de *C. caementarius* del tercer experimento en relación con los del segundo experimento y en un mismo período de cultivo, puede también ser debido al menor tamaño de los camarones sembrados (5,28 a 5,98 cm en el segundo experimento y 4,67 a 5,31 cm en el tercer experimento), pues se conoce que el crecimiento es más rápido en ejemplares pequeños, similar a otros crustáceos (Evans y Jussila, 1997; Manor et al., 2002; El-Sherif y Ali, 2009). Aun así, los resultados evidencian, aunque no significativamente, que los machos de *C. caementarius* del tercer experimento crecieron mejor en los recipientes grandes, como es reportado en *C. quadricarinatus* (Manor et al., 2002), pues las correlaciones del crecimiento con el tamaño de los recipientes fueron positivas, siendo mayor la correlación con el peso de los camarones.

Por otro lado, la despigmentación del exoesqueleto de los camarones hembras y machos de *C. caementarius* en cultivo individual del primer y segundo experimento, respectivamente, fue otro inconveniente presentado en la investigación porque ello tiene repercusión comercial. El alimento en estos experimentos debe haber contenido baja concentración de carotenoides para la especie porque el primer alimento fue formulado y empleado para el camarón de río *M. rosenbergii* (Sosa, 2004) y el segundo fue alimento comercial para el camarón de mar *L. vannamei*. Además, se conoce que los crustáceos no son capaces de sintetizar carotenos *de novo* (Meyers, 2000) y más aún que los carotenoides disminuyen durante el crecimiento (Pan et al., 2001; Chien et al., 2003), por lo que se debió incluir en la dieta de *C. caementarius* dado su intenso color marrón anaranjado característico.

El uso de harina de páprika (250 mg kg^{-1}) en el alimento balanceado empleado en el tercer experimento atenuó ligeramente la despigmentación de los camarones machos de *C. caementarius*, probablemente porque no se empleó la concentración apropiada, dado a que no se conoce trabajo utilizando éste insumo con la especie y además que el contenido de carotenoides en la vaina de páprika varía de 1,13 a 10,16 mg g^{-1} según el estado de madurez del vegetal (Márkus et al., 1999). Se debe ensayar mayores concentraciones de este insumo o emplear otros con mayor y diferente contenido de carotenoides. Despigmentación atribuida a la dieta son reportados en *C. destructor* (Geddes et al., 1988), *C. tenuimanus* (Jussila, 1997) y *H. gammarus* (Kristiansen et al., 2004), en cultivos individuales.

Además de la despigmentación, hubo aparición de lesiones melanizadas en el exoesqueleto de las hembras y machos de *C. caementarius* cultivados en los recipientes individuales que fueron signos del deterioro del estado de salud de los camarones de los dos primeros experimentos, pero no fue observado en el tercer experimento probablemente por la presencia de carotenoides en el alimento, pues hay evidencia que los carotenoides tienen propiedades antioxidantes (Miki, 1991; Matsufuji et al., 1998; Chien et al., 2003), mejoran la respuesta inmune y la tolerancia al estrés en crustáceos (Niu et al., 2011). Por consiguiente, es necesario continuar con las investigaciones para determinar la concentración apropiada de harina de páprika en el mantenimiento del color, además para mejorar el crecimiento y la salud de los camarones en el sistema de cultivo individual.

La tolerancia de *C. caementarius* para crecer en reducido espacio físico de cultivo también fue evidenciada por el factor densidad específica *k*, que según Manor et al. (2002) es usado como un indicador del momento en que el tamaño de los recipientes llega a ser un factor de inhibición del crecimiento. En este sentido, no habiendo significativa ($p>0,01$) inhibición del crecimiento en ninguno de los tamaños de recipientes, el valor *k* en los tres tamaños de recipientes y al final del período experimental varió entre 18 y 42 en hembras, de 14 y 27 en machos del segundo experimento y de 16 y 27 en machos del tercer experimento, indicando que tanto las hembras como los machos de *C. caementarius* son tolerantes al cultivo en reducido espacio físico. En similares condiciones de cultivo, el crecimiento de *C. quadricarinatus* es inhibido con $k\leq22,6$ que indica ser la especie más tolerante a la crianza en alta densidad (Manor et al., 2002), en comparación a *C. tenuimanus* con $k \leq 45$ (Jussila, 1997) y *C. destructor* con $k \leq 50$ (Geddes et al., 1988) que son especies que no toleran altas densidades de cultivo. Sin embargo, es probable que a mayor tiempo de cultivo y conforme *C. caementarius* crezca tendrá mayores limitaciones para el movimiento dentro de los recipientes, principalmente los machos de la especie que están acostumbrados a migrar hasta los 1400 msnm (Méndez, 1981) y a 130 km desde la desembocadura (Elías, 1960; Tello, 1972), viéndose alterado este comportamiento por el pequeño espacio de cultivo.

La supervivencia de los camarones hembras de *C. caementarius* del primer experimento a los seis meses de cultivo y de machos del segundo experimento a los cuatro meses, en ambos casos en los recipientes individuales de entre133 y 284 cm^2, fue de 77 y 83 %, en comparación a las del cultivo comunal que fue de 39 y 16 %, respectivamente, aunque no hubo diferencia significativa ($p>0,01$) probablemente por la variabilidad de los datos debido al bajo número de camarones empleados. En cambio, en el tercer experimento se obtuvo una supervivencia del 100% de los camarones machos cultivados durante cuatro meses en los recipientes de 133 y 201 cm^2 y en los recipientes de 284 cm^2 la supervivencia fue del 87 %. Estos resultados indican, además del aspecto nutricional mencionado anteriormente, que el tamaño de los recipientes no afectó la supervivencia de la especie y además que en recipientes individuales se soluciona el problema de la interacción física y el canibalismo que son los principales problemas por el cual no se establece el cultivo comercial de *C. caementarius*. En similares períodos y condiciones de cultivo individual, se obtiene entre 95 y 98 % de supervivencia en *C. destructor* (Geddes et al., 1988), 71 y 83% en *C. tenuimanus* (Jussila, 1997) y 96 % en *C. quadricarinatus* (Manor et al., 2002).

Las muertes de camarones *C. caementarius* en cultivo individual no asociadas a la ecdisis, considerado así porque murieron en los estados de muda C y D_1, tanto de hembras (11,1 % a 22,2 %) en el primer experimento como de machos (5,6 % a 11,1%) en el segundo experimento y en ambos casos durante los primeros meses de cultivo, podrían ser consecuencia de las condiciones de captura y transporte como en otras especies de crustáceos (Barki et al., 2004; Cooper y Cooper, 2004), por cuanto muchos camarones fueron capturados con la mano y otros con redes pero aun así la deficiente manipulación debe haber alterado la condición de los animales por lo frágil del exoesqueleto, principalmente en premuda tardía y postmuda temprana (Reyes y Luján, 2003) e incluso durante los muestreos mensuales.

En cambio, en cultivo comunal de adultos en alta densidad (50 camarones m^{-2}) de *C. caementarius* en tanques con flujo continuo de agua y refugios, se obtiene hasta 75 % de mortalidad por canibalismo (Ponce, 1977). En el presente estudio, la alta mortalidad de hembras (62 %) y de machos (84 %) en cultivo comunal en acuarios con densidad media (32 camarones m^{-2}), fueron producidos por canibalismo sobre ejemplares altamente vulnerables, es decir cercanos a la ecdisis o después de culminado la ecdisis, porque en estos casos no importó el tamaño de los ejemplares, aun cuando tuvieron refugios y alimento disponible, lo que corrobora la agresividad de la especie (Tello, 1972; Ponce, 1977) principalmente de los machos más que de las hembras.

Además, en cultivo comunal la interacción de los camarones hembras fue menor a la observada en machos de *C. caementarius* durante los primeros meses ocasionándose serias injurias entre congéneres, similar a lo reportado por Aiken y Waddy (1978) en *H. americanus* en alta densidad y en cultivo comunal, que evidencia una posible formación de la relación dominante-subordinado (Kouba et al., 2011) no estudiada en *C. caementarius*. Debido a la interacción, muchos camarones perdieron uno o varios apéndices cefalotorácicos por autotomía para evitar ser predados, siendo esto una estrategia para la supervivencia de los crustáceos (Wasson et al., 2002; Palaoro, 2009). En consecuencia, las altas tasas de crecimiento obtenidas en cultivo comunal tanto de hembras como de machos de *C. caementarius*, no fueron preponderantes porque los camarones sobrevivientes fueron los que se encontraron en baja densidad para crecer. Similares resultados son obtenidos en *C. tenuimanus* (Jussila, 1997) y en *Paralithodes camtschaticus* (Daly et al., 2009).

Aún con las dificultades obtenidas en los dos primeros experimentos y considerando el área de los acuarios, la producción estimada de los camarones machos de *C. caementarius* fue 2,5 veces mayor que el de las hembras en los recipientes de 133 cm^2 (0,144 kg m^{-2} en hembras del primer experimento y de 0,374 kg m^{-2} en machos del segundo experimento) donde el crecimiento fue mejor. En cambio, en el tercer experimento el incremento de tres a cinco los niveles de recipientes individuales, el uso de tanques de cultivo con mayor altura de agua y el empleo de alimento balanceado adecuado, permitió una producción de machos de 1,049 kg m^{-2} en los recipientes de 284 cm^2 que fue 3,4 veces mayor a la producción obtenida en los acuarios del segundo experimento con machos cultivado en tres niveles de recipientes (0,313 kg m^{-2}) y 11,3 veces más al obtenido en cultivo comunal (0,094 kg m^{-2}). Estos resultados permiten considerar la posibilidad de utilizar recipientes de cinco o más niveles dentro de un sistema de tanques o de estanques de mayor profundidad y volumen de agua, en donde se realice el cultivo intensivo a nivel de engorde. No hay estimaciones de la producción en otros crustáceos que considere el área de los tanques de cultivo donde se instalan los recipientes de cultivo individual. Manor et al. (2002), sobrestiman la producción en *C. quadricarinatus* en 4 a 15 veces porque considera el área interna de cada recipiente y no el área donde se instalan los recipientes, lo cual no es aplicable a cálculos reales.

Sin embargo, de acuerdo a los resultados presentados por Ponce (1977) con camarones adultos de *C. caementarius*, se calcula producciones en cultivo comunal en tanques de cemento de entre 0,225 a 0,621 kg m^{-2} en cinco meses de cultivo, menor al que se obtuvo en el tercer experimento del presente trabajo que fue entre 0,763 a 1,049 kg m^{-2} en solo cuatro meses de cultivo. Estos resultados indican que con el cultivo en recipientes individuales de *C. caementarius* se podría producir 1,05 t 0,1 ha^{-1} por campaña de cuatro meses (31,5 t ha^{-1} $año^{-1}$), considerado muy alto por cuanto en cultivo comunal, New (2002) estima una producción de 1 a 3 t ha^{-1} $año^{-1}$ en monocultivo semi-intensivo de *M. rosenbergii*. La elevada producción en una menor área de espejo de agua a emplear en cultivo en recipientes individuales abre la posibilidad de intensificar el cultivo del camarón nativo cuyo análisis de rentabilidad aparentemente atractivo (Anexos 1 y 2), debe ser complementado con un estudio técnico económico para determinar la factibilidad del cultivo intensivo a nivel comercial del camarón de río *C. caementarius*, en un horizonte de 10 años, considerando los costos como el de la construcción de tanques o estanques y el de los recipientes que en el presente estudio fue alto (promedio S/ 0,50 unidad), entre otros.

Los parámetros ambientales del agua de los acuarios y tanques de cultivo, estuvieron dentro de los reportados para el ambiente natural de la especie (Zacarías y Yépez, 2008), con baja concentración de amonio total (0,00 a 0,03 mg L^{-1}), pero los nitritos fueron ligeramente altos (0,10 a 0,23 mg L^{-1}) en todos los tratamientos, siendo mayor en el segundo experimento. Timmons et al (2002) recomiendan mantener el amonio total por debajo de 0,05 mg L^{-1} y D'Abramo et al. (1995) recomiendan para el cultivo de *M. rosenbergii* evitar concentraciones de nitrito mayores de 0,10 mg L^{-1}, pues la toxicidad crónica de nitritos ocasiona menor crecimiento y supervivencia (New, 2002).

Es probable que el deficiente funcionamiento del filtro biológico en el proceso de nitrificación haya conducido a la acumulación de nitritos en el agua toda vez que hubo exceso de productos nitrogenados excretados por los camarones en alta densidad (32 y 94 camarones m^{-2}) y a esto se sumó la acumulación de materia orgánica (alimento balanceado no consumido, heces y exuvias) que no fue extraída oportunamente. Por ello la capa de espuma sintética del filtro biológico fue taponado frecuentemente por materia orgánica impulsado por el sistema, siendo una desventaja del filtro percolador indicado por Timmons et al. (2002).

Se ha demostrado que la acumulación de sustancias orgánicas es una causa que lleva a la supresión del crecimiento en organismos acuáticos cultivados en sistema de recirculación (Hirayama et al., 1988), pues la presencia de materia orgánica conlleva al incremento de nitritos en el agua, el cual disminuye la tasa respiratoria y afecta el crecimiento en crustáceos (Alcaraz et al., 1999; New, 2002). Es conveniente ensayar otros tipos de filtros o dimensionar el filtro biológico percolador para procesar con eficiencia los catabolitos provenientes de los camarones sembrados en alta densidad, porque mientras mayor es la biomasa más rápido se alcanza la concentración de catabolitos en el agua.

Además, como en el sistema de recipientes la alimentación de los camarones es individual y a esto se suma necesariamente la acumulación de alimento balanceado no consumido expulsado de los recipientes por el movimiento de los camarones, implicaría un costo de mano de obra adicional para alimentación y mantenimiento que encarecería el cultivo. Esta forma de perder el alimento de los recipientes de cultivo explica la elevada conversión alimenticia (3,57 a 10,14) obtenido en los tres experimentos, principalmente con el cultivo de camarones machos. Por ello es conveniente utilizar un sistema automatizado de distribución de alimento como el empleado en *Homarus* sp (Wickins et al., 1987) y emplear organismos para limpieza como el cocultivo de juveniles de la langosta *H. gammarus* en recipientes individuales con juveniles del isópodo *Idotea emarginata* como organismo de limpieza y además como presa, mejorando las condiciones del agua y reduciendo a la mitad el tiempo de limpieza del sistema de cultivo (Schmalenbach et al., 2009).

En un ensayo posterior al presente estudio, se realizó el cocultivo de machos de camarón (*C. caementarius*) criados en recipientes individuales de 284 cm^2 instalados dentro de acuarios, con alevines de tilapia (*Oreochromis niloticus*) como organismo de limpieza, pero a la vez ambos como organismos principales de producción. Los alevines de tilapia fueron sembrados de 4,83 cm y 2,33 g a 50 alevines m^{-3}. Los peces consumieron solo el alimento que salió de los recipientes de cultivo de camarones. Los peces crecieron hasta 7,82 cm y 10,22 g en tres meses y no hubo mortalidad, estimándose una producción de 0,511 kg m^{-3}, que podría disminuir la alta conversión alimenticia de los camarones criados en recipientes, además de mantener limpio el interior del sistema de crianza. Esta sería una nueva forma de realizar el cultivo tilapia – camarón, pero requiere investigación teniendo en cuenta que con este sistema se evita la competencia inter específica donde la tilapia, según Asaduzzaman et al. (2009), es la que afecta la producción del camarón *M. rosenbergii* debido a la interacción cuando el policultivo es comunal.

V. PROPUESTA

5.1. Introducción

Hay muchos intentos de cultivar el camarón de río *C. caementarius* en sistema comunal en estanques de tierra pero muy pocos han sido documentados, sin embargo, lo común de todos ellos son los resultados desalentadores debido al alto grado de interacción y canibalismo que afectan el crecimiento, la supervivencia y por consiguiente la producción, lo cual imposibilita el cultivo comercial de la especie. Esta situación fue la que conllevó a plantear una solución, originando la presente tesis y de cuyos resultados permiten realizar la siguiente propuesta de desarrollo.

5.2. Propuesta de desarrollo: CULTIVO DEL CAMARÓN NATIVO EN ZONAS COSTERAS DEL PERÚ: *Engorde de Cryphiops caementarius en sistema de recipientes individuales con recirculación de agua*

El camarón de río *Cryphiops caementarius* es llamado comúnmente "camarón arequipeño" y es una de las once especies de palaemónidos endémicos que abunda en la costa peruana y muy utilizada en la culinaria por su carne fina y de alto valor. Las poblaciones naturales de esta especie presentan en la actualidad serias dificultades por la extracción excesiva, la contaminación de los ríos, las actividades agrícolas con creciente demanda de agua, que alteran el hábitat natural.

El fomento de su cultivo a escala comercial debe contribuir a la producción sostenible para disminuir la presión sobre las poblaciones naturales; siendo las zonas con mayores ventajas comparativas para el establecimiento de proyectos de inversión, la costa de los Departamentos de Ancash, Lima, Ica y Arequipa, principalmente. Además, el desarrollo del cultivo de este crustáceo debe considerar la transferencia de tecnología, en reproducción, precrianza, engorde, nutrición, sanidad y sistemas de cultivo.

Como marco de la propuesta de desarrollo se ha considerado atender el desarrollo humano en sus cinco pilares: la paz, las economías, el medio ambiente, la justicia y la democracia. La propuesta está relacionada con el desarrollo rural sostenible con enfoque territorial que permita busca transformar la dinámica de desarrollo del territorio mediante una distribución ordenada de las actividades productivas, de conformidad con su potencial de recursos naturales y humanos. Tal perspectiva exige la puesta en marcha en el territorio, de políticas económicas, sociales, ambientales y culturales sustentadas en procesos descentralizados y participativos (Sepúlveda y Zúñiga, 2008).

5.3. Razones para intensificar el cultivo del camarón nativo en sistema de recipientes individuales

Los resultados de la presente investigación permiten determinar que la tolerancia de los camarones hembras y machos de *C. caementarius* al cultivo en el sistema de recipientes individuales de espacio físico reducido dentro del sistema de recirculación de agua con filtro biológico y el empleo de alimento balanceado adecuado, posibilita el cultivo intensivo de camarones adultos a partir de 5 cm de longitud total, con fines de engorde hasta peso comercial (20 g).

Las ventajas notorias del sistema de cultivo individual, en comparación con el cultivo comunal de camarones adultos de *C. caementarius*, es la solución al problema de la interacción física y del canibalismo que permite el cultivo en alta densidad (94 camarones m^{-2}), con el consiguiente mejoramiento de la producción en 11,3 veces en relación con el cultivo comunal (0,094 kg m^2 en cultivo comunal hasta 1,049 kg m^2 en cultivo individual de camarones machos); aun cuando los parámetros de crecimiento y de supervivencia, no mostraron diferencias significativas en los diferentes tamaños de recipientes empleados (133 cm^2 a 284 cm^2) en los experimentos. Estos resultados pueden ser mejorados mediante el incremento del número de niveles de cada grupo de los recipientes de cultivo para utilizar eficientemente la columna de agua y permita incrementar la producción.

5.4. Situación previa a la iniciativa

El camarón *C. caementarius* abunda en los ríos de Arequipa contribuyendo con el 80 % del recurso existente en la costa peruana (Zacarías y Yépez, 2008), extrayéndose 1049 t en 1965 y ha venido disminuyendo con el tiempo hasta no reportarse extracción en 1988 (IMARPE, 2008). Sin embargo, las vedas reproductivas y la restricción de la talla mínima de captura (7 cm de LT) impuestas por el estado peruano, están permitiendo recuperar paulatinamente las poblaciones naturales reportándose la extracción de 694 t en el 2010 (PRODUCE, 2010). Por ello, *C.*

caementarius es y será la especie de camarón más estudiada en los diversos aspectos de su biología, pues las contribuciones científicas están permitiendo establecer las bases para el cultivo comercial, referidos a su reproducción, crianza de larvas y crianza de postlarvas hasta peso comercial.

En los años de la década de los '80, cuando la extracción de la especie estuvo en franco descenso y la demanda insatisfecha fue cada vez mayor, la Universidad Nacional Agraria La Molina introdujo al Perú, en 1982, al camarón gigante de Malasia *Macrobrachium rosenbergii* (Nava, 1993), especie que es cultivada en zonas con climas templados y tropicales de casi todo el Perú. San Martín es la región de mayor producción que viene abasteciendo al mercado de Lima con 45 t en 1998, disminuyendo a 7 t en el 2003 (ProInversión, 2004), para luego incrementar a 18 t en el 2005 (INEI, 2006), disminuir a 4 t en el 2007 (INEI, 2008) e incrementar a 14 t en el 2010 (Produce, 2010).

La fluctuación de la producción por cultivo del camarón gigante de Malasia, en los últimos doce años, indica que dicha especie introducida no está respondiendo a las expectativas del mercado interno probablemente por su color azulado, por el tamaño excesivo de los ejemplares, por tener las quelas largas y muy delgadas que no son aprovechables y por el sabor distinto a las especies nativas; aun cuando hay mayor demanda de camarón por el repunte de la gastronomía peruana en los últimos años.

Lo anterior demuestra el incomparable sabor exquisito de la carne del camarón nativo *C. caementarius* tanto de la cola como de las quelas del segundo par de periópodos que son grandes, gruesas y aprovechables en la culinaria, de ahí que su comercialización es como camarón entero, siendo por tanto su mercado insustituible, constituyéndose en un producto exclusivo del Perú y de importancia económica para la acuicultura porque es el mercado el que direcciona la producción por acuicultura de crustáceos (Lee y Wickin, 1997).

Se conoce de cultivos del camarón nativo a nivel familiar en pequeños estanques de tierra por parte de agricultores y pescadores en diferentes zonas costeras del centro y sur del Perú como Casma, Huacho, Lunahuaná y Camaná, que utilizan postlarvas o juveniles capturados del río y muchas veces los crían en policultivo con especies de tilapia (*Oreochromis* sp), pero no se dispone de información técnica documentada, aunque siempre refieren que la baja supervivencia del camarón es por canibalismo. Aun así, el cultivo de camarones y peces es una alternativa para diversificar la producción en las zonas rurales. Recientemente, la Asociación de Extractores de Camarones de la Cuenca del Río Cañete están siendo apoyados por la empresa privada en la construcción de estanques de tierra y en el asesoramiento técnico para la producción de 4 t por año del camarón nativo *C. caementarius* cultivados en sistema comunal (Celepsa, 2009a), pero los resultados no están disponibles actualmente.

Esto demuestra el interés que persiste hasta la actualidad por generar un sistema de cultivo que permita alcanzar producciones comerciales con la especie de camarón de río *C. caementarius* más cotizada de nuestro país. La diminución del canibalismo de postlarvas de *C. caementarius* ya ha sido solucionada empleando agua salobre (12 ‰), donde se logra 95 % de supervivencia durante 49 días en cultivo comunal (Reyes et al., 2006). En cambio, en adultos de la especie, el canibalismo se acentúa con la densidad de siembra y con el crecimiento de los animales en cultivo comunal. El sistema de cultivo individual de adultos de *C. caementarius* no se conoce y es una alternativa de crianza para mejorar la producción.

5.5. Establecimiento de estrategias

Las prioridades a establecer parte de la propuesta del modelo de desarrollo por territorios económicos. El enfoque define al territorio como la unidad básica de acción y constituye el espacio mínimo, en el que es posible ejecutar actividades de diversa índole, como el fortalecimiento del capital social, la protección de recursos naturales y el desarrollo de programas orientados a potenciar las capacidades productivas de las comunidades y promover el desarrollo como complemento sinérgico a programas de corto plazo para combatir la pobreza. En términos de desarrollo, el territorio es el producto de la participación activa de los actores sociales y de las instituciones públicas y organizaciones de la sociedad civil; al mismo tiempo que facilita el ordenamiento sistemático de las inversiones que mejoren su competitividad, fortaleciendo cadenas y *clusters* productivos, entre otros. En suma, la adopción del territorio como objeto de la estrategia permite aprovechar el potencial endógeno del medio rural para la producción agrícola (cadenas agroalimentarias) y la producción no agrícola, tal como los servicios ambientales (recursos hídricos, bosques, biodiversidad), el turismo cultural, entre otros. Al mismo tiempo busca superar los entrabes causados por la inadecuada infraestructura de transporte y comunicaciones, salud, innovación tecnológica para la producción, educación, capacidad gerencial, etc (Sepúlveda y Fallas, 2008).

La iniciativa parte de los siguientes elementos característicos de la costa peruana: Los recursos acuáticos potenciales para desarrollar acuicultura continental; los recursos agropecuarios; la actual economía nacional y regional; y los acuerdos comerciales. Dado a las condiciones de la costa peruana ámbito de la distribución latitudinal del camarón de río *C. caementarius*, se presentan algunos aspectos concretos a considerar para su estructuración:

- El desarrollo generados por la acuicultura marina y continental, base económica y sociocultural emergente de las regiones costeras.
- Los sistemas productivos actuales de las regiones costeras, así como sus posibilidades de inserción en los mercados regional, nacional e internacional.
- La riqueza en términos de biodiversidad de cada región costera.
- La población y su perfil educativo, además el sentido del liderazgo y el deseo de progreso.
- Los proyectos especiales de base tecnológica que empiezan a despuntar en las diferentes regiones.
- Las diversas organizaciones sociales existentes.
- Los avances experimentados en la búsqueda de la sostenibilidad de los sistemas productivos.
- La decisión política de los agentes públicos y privados para mejorar la calidad de vida.

Estos aspectos representan los recursos potenciales y las oportunidades de la zona costera de nuestro territorio, que prometen un sector acuícola fuerte pero amigable con el medio ambiente, con industrias de procesamiento a diversos niveles y un sector científico involucrado con la empresa.

5.6. Formulación de objetivos y programas

Objetivos fundamentales

- Consolidar un proyecto de desarrollo integral sostenible de engorde del camarón nativo en los territorios costeros, que comprometa a las organizaciones pesqueras, acuícolas y agropecuarias; a las instituciones públicas; a la empresa privada y a las organizaciones no gubernamentales.

- Aumentar la competitividad territorial y de los negocios rurales fortaleciendo sus vínculos con cadenas productivas agrícolas, pecuarias, acuícolas entre otros, de manera que aprovechen el potencial económico del territorio costero y generen empleos de calidad, ingresos adicionales y contribuyan con impuestos locales.

- Promover la gestión sostenible de los recursos naturales en el ámbito territorial y empresarial, de manera que los procesos productivos primarios y secundarios sean amigables con el ambiente y contribuyan a establecer territorios sustentables.

Programas básicos

PROGRAMA 1: ESTABLECIMIENTO DEL CULTIVO INTENSIVO DEL CAMARÓN NATIVO EN ZONAS COSTERAS DEL PERÚ.

Proyecto 1: Cocultivo del camarón nativo *Cryphiops caementarius* en recipientes individuales dentro de estanques con tilapia *Oreochromis niloticus* a diferentes densidades de siembra y sus efectos en el crecimiento y supervivencia de las especies.

Proyecto 2: Sistemas de recirculación de agua para el cultivo intensivo del camarón nativo *Cryphiops caementarius*.

Proyecto 3: Mejoramiento genético del camarón nativo *Cryphiops caementarius* por selección individual de reproductores de alta tasa de crecimiento.

PROGRAMA 2: FORTALECIMIENTO Y DESARROLLO DE LAS ORGANIZACIONES PRODUCTIVAS.

Proyecto 1: Fortalecimiento y capacitación de organizaciones de extractores de camarón nativo *Cryphiops caementarius*, en manejo del recurso mediante cultivo.

Proyecto 2: Fortalecimiento y capacitación de organizaciones de productores agropecuarios en cultivo del camarón nativo *Cryphiops caementarius*.

Proyecto 3: Fortalecimiento y capacitación de organizaciones acuícolas en temas de cultivo del camarón nativo *Cryphiops caementarius*.

Proyecto 4: Aquaponía con el camarón nativo *Cryphiops caementarius* en zonas agropecuarias de la costa peruana.

PROGRAMA 3: ESTABLECIMIENTO DE EMPRESAS DE CULTIVO DE CAMARÓN NATIVO

Proyecto 1: Estudio técnico económico para el cultivo intensivo del camarón nativo *Cryphiops caementarius* en sistema de recipientes individuales.

Proyecto 2: Establecimiento de cadenas productivas del camarón nativo *Cryphiops caementarius* proveniente de la crianza intensiva.

Proyecto 3: Instalación de centros de engorde del camarón nativo *Cryphiops caementarius* en zonas costeras.

PROGRAMA 4: GESTIÓN AMBIENTAL DEL CULTIVO INTENSIVO DEL CAMARÓN NATIVO EN ZONAS COSTERAS.

Proyecto 1: Evaluación de impacto ambiental de empresas de cultivo intensivo del camarón nativo *Cryphiops caementarius*.

5.7. Actores involucrados

Instituciones públicas: Ministerio de la Producción, Universidades Nacionales, Municipalidades Provinciales y Distritales, Proyectos Especiales.

Empresas privadas: Empresas pesqueras, empresas de acuicultura, empresas de alimentos para consumo humano directo y empresas de servicios de las regiones costeras.

Sociedad civil: Comunidades y asociaciones de pescadores artesanales, de acuicultores y de extractores de camarones. Organismos No Gubernamentales.

5.8. Sostenibilidad

El sistema de cultivo en recipientes individuales es una propuesta alternativa de producción comercial sostenible para reducir la presión extractiva del camarón *C. caementarius* en los diferentes ríos costeros, en el sentido de su utilización por parte de los extractores artesanales de camarón o de criadores artesanales, pudiendo implementarlo en estanques de tierra o tanques de cemento así como en el ambiente natural (ríos, quebradas, lagos o lagunas) lo cual requiere de algunos estudios adicionales.

Además, la filtración biológica del agua de crianza dentro del sistema de recirculación disminuye el impacto que ocasiona al ambiente la emisión de agua con alto contenido de amonio y nitritos procedente de los cultivos acuáticos, el cual está de acuerdo con el nuevo paradigma en cultivo del camarón (Derun et al., 2005), haciendo que la producción sea sostenible en el tiempo. En cambio, el alto contenido de nitratos del agua de descarga de los sistemas de cultivo de camarón debe aprovecharse integrándose al cultivo de vegetales, en los llamados sistema de Aquaponía, muy utilizado en acuicultura orgánica. De esta manera la propuesta de desarrollo tiende a ser amigable con el ambiente acuático.

5.9. Aportes principales del trabajo de investigación doctoral

Son varios los aportes que se desprenden del presente trabajo de investigación doctoral, siendo los siguientes:

a. El cultivo de adultos del camarón de río *C. caementarius* a partir de 5 cm de longitud total y en recipientes individuales soluciona el problema de la interacción y el canibalismo que son los principales inconvenientes para la crianza comercial de la especie.

b. La demostración de la viabilidad del crecimiento, de la reproducción y del mantenimiento de alta supervivencia (>80%) de adultos del camarón de río *C. caementarius* en el sistema de recipientes individuales de entre 133 a 284 cm^2, instalados en multiniveles, permite el cultivo intensivo de la especie con menor impacto al ambiente del entorno del criadero, con producciones de hasta 1,049 kg m^{-2} en cuatro meses de crianza.

c. El sistema de cultivo individual constituye un primer modelo de cultivo intensiva para utilizarlo no solamente en el engorde de *C. caementarius* sino también de otras especies de camarones nativos como *M. inca* y *M. americanum* que tienen importancia económica y comercial en la zona norte del Perú.

d. El uso del filtro biológico percolador dentro del sistema de recirculación mantiene la calidad del agua, además, economiza el uso de agua y de energía eléctrica por emplear el sistema air-water-lift, y disminuye los efluentes con alta carga orgánica.

e. El alimento balanceado utilizando lecitina de soya comercial permite disminuir, hasta casi eliminar el síndrome de muerte por muda en machos de *C. caementarius* y, además la inclusión de harina de páprika atenúa la despigmentación del exoesqueleto de los camarones; sin embargo, este alimento debe mejorarse hasta que cumpla con todos los requerimientos nutricionales y que mantenga el color y la salud de los organismos de la especie.

f. Aunque la forma de los recipientes individuales de cultivo no afecta el crecimiento en los crustáceos (Shleser, 1974), sin embargo de acuerdo con Aiken y Waddy (1995) el recipiente ideal debe ser barato de construir y operar, y simple para mantener; es decir, auto-limpiable, usar el espacio tridimensional, conservar el agua y permitir el fácil acceso para inspeccionar y alimentar a los animales. El sistema de cultivo empleado en *C. caementarius* reúne estas condiciones, excepto la auto-limpieza, pero en una experiencia posterior al presente trabajo, la tilapia *Oreochromis niloticus* crece muy bien entre los espacios dejados por los recipientes instalados en los tanques de cultivo, alimentándose del balanceado que sale por las aberturas de los recipientes que es ocasionado por la agitación de los pleópodos de los camarones, con la cual se abre la posibilidad de realizar policultivos con peces para optimizar la producción del sistema de cultivo en recipientes individuales instalados en tanques, estanques u otros cuerpos de agua.

g. En las condiciones de cultivo en recipientes individuales es posible seleccionar aquellos camarones, de ambos sexos, con altas tasas de crecimiento para propósitos de mejoramiento genético.

VI. CONCLUSIONES

Experimento 1

- El crecimiento en peso y longitud de las hembras de *C. caementarius* no fue afectado significativamente ($p>0,01$) por el tamaño de los recipientes individuales durante seis meses de cultivo, alcanzando 5,76 cm y 6,07 g en los recipientes de 133 cm^2; 5,57 cm y 5,69 g en los de 201 cm^2; y 5,50 cm y 5,43 g en los de 284 cm^2.

- La supervivencia de las hembras de *C. caementarius* cultivadas durante seis meses en los recipientes individuales fue de 77,78% a 88,89% y en cultivo comunal fue de 38,89%, sin diferencias significativas ($p>0,01$) entre tratamientos.

Experimento 2

- El crecimiento en peso y longitud de los machos de *C. caementarius* no fue afectado significativamente ($p>0,01$) por el tamaño de los recipientes individuales durante cuatro meses de cultivo, y en todos los tratamientos hubo ecdisis con autotomía de quelípodos por lo que solo alcanzaron 6,75 cm y 13,72 g en los recipientes de 133 cm^2; 6,75 cm y 13,79 g en los de 201 cm^2; y 6,47 cm y 12,29 g en los de 284 cm^2.

- La supervivencia de los machos de *C. caementarius* cultivados durante cuatro meses en los recipientes individuales fue de 72,22 % a 83,33 % debido a muertes durante la ecdisis; en cambio, en cultivo comunal el canibalismo redujo la sobrevivencia a 16,67 %.

Experimento 3

- El crecimiento en peso y longitud de los machos de *C. caementarius* no fue afectado significativamente ($p>0,01$) por el tamaño de los recipientes individuales durante cuatro meses de cultivo y el alimento reformulado evitó la ecdisis con autotomía de quelípodos, alcanzando 6,14 cm y 8,09 g en los recipientes de 133 cm^2; 6,55 cm y 9,99 g en los de 201 cm^2; y 7,04 cm y 13,03 g en los de 284 cm^2.

- La supervivencia de los machos de *C. caementarius* cultivados durante cuatro meses fue de 100 % en los recipientes individuales 133 y 201 cm^2, y en los recipientes de 284 cm^2 fue de 86,67 %, sin diferencias significativas ($p>0,01$) entre tratamientos, debido a que el alimento reformulado evitó la muerte durante la ecdisis.

VII. REFERENCIAS BIBLIOGRÁFICAS

Adams, J.A. y P.A. Moore. 2003. Discrimination on conspecific male molt odor signals by male crayfish, *Orconectes rusticus*. Journal of Crustacean Biology, 23 (1): 7-14.

Ahvenharju, T. 2007. Food intake, growth and social interactions of signal crayfish, *Pacifastacus leniusculus* (Dana). Academic Dissertation in Fishery Science. University of Helsinki.

Aiken, D.E. 1969. Photoperiod, endocrinology and the crustacean molt cycle. Science, 164: 149-155.

Aiken, D.E. y S.L. Waddy. 1978. Space, density and growth of the lobster (*Homarus americanus*). Proceeding of the Annual Meeting – World Mariculture Society, 9(1-4): 461-467.

Aiken, D.E. y S.L. Waddy. 1995. Aquaculture. Pp. 153-175. In: Biology of the Lobster, *Homarus americanus* (J.R. Factor, ed). Academic Press.528 p.

Alcaraz, G., V. Espinoza y C. Venegas. 1999. Acute effect of ammonia and nitrite ob respiration of *Penaeus setiferus* postlarvae under different oxygen levels. J. World Aquaculture Society, 30(1): 98-107.

Amaya, J. y A. Guerra. 1976. Especies de camarones de los ríos norteños del Perú y su distribución. Ministerio de Pesquería. Dirección General Investigaciones Científicas y Tecnológicas. Lima. Perú. 29 p.

Arredondo-Figueroa, R. Pedrozas, J.T. Ponce y E.J. Vernon. 2003. Pigmentation of pacific White shrimp (*Litopenaeus vannamei*, BOONE, 1931) with esterified and saponified carotenoids from red chili (*Capsicum annuum*) in comparison to astaxanthin. Revista Mexicana de Ingeniería Química, 2: 101-108.

Asaduzzaman, M., M.A. Wahab, M.C.J. Verdegem, S. Bernerjee, T. Akter, M.M. Hasan y M.E. Azim. 2009. Effects of addition of tilapia *Oreochromis niloticus* and substrates for periphyton developments on pond ecology and production in C/N-controlled freshwater prawn *Macrobrachium rosenbergii* farming systems. Aquaculture, 287: 371-380.

Ayvar, F.K. 1982. Pruebas comparativas de raciones balanceadas de diferentes niveles de proteína en la crianza de camarones de río (*Cryphiops caementarius*) en ambientes cerrados. Tesis de Título. Universidad Nacional Agraria La Molina.

Barki, A., I. Karplus, R. Manor, S. Parnes, E. Alflalo y A. Sagi. 2006. Growth of redclaw crayfish (*Cherax quadricarinatus*) in a three-dimensional compartments system: Does a neighbor matter? Aquaculture, 252: 348-355.

Bazán, M., S. Gámez y W.E. Reyes. 2009. Rendimiento reproductivo de hembras de *Cryphiops caementarius* (Crustacea: Palaemonidae) mantenidas con alimento natural. Rev. Per. Biol., 16 (2): 191-193.

Biddle, G.N., P.H. Fair, M.R. Millikin y A.R. Fortner. 1978. Evaluation of selected holding system environments used in laboratory studies with juvenile *Macrobrachium rosenbergii*. Proceeding of the 3rd Annual Tropical and Subtropical Fisheries Technological Conference of the Americas. April 23-16, 1978. New Orleans, Lousiana. Contribution 78-36C: 297-309.

Brack, A. 2000. Perú biodiversidad y biocomercio, situación actual y potencial. Comité Biocomercio Perú. 81 p.

Browser, P.R. y R. Rosemark. 1981. Mortalities of cultured lobster, *Homarus*, associated with a molt death syndrome. Aquaculture, 23: 11-18.

Brugiolo, S.S.S. y J.M. Barbosa. 2007. Canibalismo em fêmeas de *Macrobrachium rosenbergii* (De Man, 1879) (Crustacea, Palaemonidae): efeito da retirada das quelas. Revista Portuguesa de Ciências Veterinárias, 202(561-562): 153-157.

Buřič, M., A. Kouba y P. Kozák. 2009. Chelae regeneration in European alien crayfish *Orconectes limosus* (Rafinesque 1817). Knowledge and Management of Aquatic Ecosystems 394-395, 04. DOI: 10.1051/kmae/2009016.

Cavero, J. y V. Mogollón. 2000. Evaluación de la fertilidad del camarón de río *Cryphiops caementarius* (Molina, 1872) (Crustacea, Decapoda, Palaemonidae) madurado bajo condiciones de laboratorio. Wiñay Yachay, 4: 7-16.

Celepsa, 2009a. Pozas de engorde del camarón en Catahuasi. Compañía Eléctrica El Platanal S.A. Disponible en http://www.celepsa.com/desarrollo.php?area= 6&idPage=81. (Consultado el 24-07-10).

Celepsa, 2009b. Repoblamiento del camarón. Compañía Eléctrica El Platanal S.A. Disponible en http://www.celepsa.com/desarrollo.php?area=6&idPage=79. (Consultado el 24-07-10).

Chien, Y.H., C.H. Pan y B. Hunter. 2003. The resistance to physical stresses by *Penaeus monodon* juveniles fed diets supplemented with astaxanthin. Aquaculture, 216: 177-191.

Chung, J.S., H. Dircksen y S.G. Webster. 1999. A remarkable, precisely timed release of hyperglycemic hormone from endocrine cells in the gut is associated with ecdysis in the crab *Carcinus maenas*, PNAS 95(23): 13103-13107.

Cooper, A.S. y R.L. Coope. 2004. Growth of stygobitic (*Orconectes australis packardi*) and epigean (*Orconectes cristavarius*) crayfish maintained in laboratory conditions. J. Ky. Acad. Sci., 65(2): 108-115.

Daly,B., J.S. Swingle y G.L. Eckert. 2009. Effects of diet, stocking density and substrate on survival and growth of hatchery-cultured red king crab (*Palalithodes camyschaticus*) juveniles in Alaska, USA. Aquaculture, 293: 68-73.

D'Abramo L.R, Bordner C.E, Conklin DE y N.A. Baum. 1981. Essentiality of dietary phosphatidylcholine for the survival of juvenile lobster. J. Nutrlt., 111: 425-431.

D'Abramo, L.R., W.H. Daniels, M.W. Fondren y M.W. Brunson. 1995. Management practices four culture of freshwater prawn (*Macrobrachium rosenbergii*) in températe climates. Bulletin 1030, Mississippi Agricultural & Forestry Experiment Station. Mississipii State University. Mississippi, USA.

Derun, Y., Y. Yi, J.S. Diana y K. Lin. 2005. New paradigm in farming of freshwater prawn (*Macrobrachium rosenbergii*) with closed and recycle systems. In: J. Burright, C. Flemming and H. Egna (Ed.). Twenty-Second Annual Technical Report. Aquaculture CRSP, Oregon State University, Corvallis, Oregon, 62-80.

Elías, J. 1960. Contribución al conocimiento camarón de río. *Pesca y Caza*, 10:84-106.

El-Sherif, M.S. y A.M. Ali. 2009. Effect of rearing systems (mono-and Poly-culture) on the performance of freshwater prawn (*M. rosenbergii*) juveniles. Journal of Fisheries and Aquatic Science, 4(3): 117-128.

Evans L.H y J. Jussila. 1997. Freshwater crayfish growth under culture conditions: proposition for a standard reporting approach. J. World Aquaculture Soc., 28(1): 11-19.

FAO, 2010. Estado mundial de la pesca y la acuicultura - 2010. Departamento de Pesca y Acuicultura de la FAO. 219 p.

Faria, E., C. Palma-Silva, y F.A. Esteeves. 2002. Distribution and growth in adults of *Macrobrachium acanthurus* Wiegmann (Decapoda, Palaemonidae) in a tropical coastal lagoon, Brazil. Revta. Bras. Zool., 19 (Supl. 2): 61-70.

Fuentes, A.S., A.V. Mogollón y W.E. Reyes. 2010. Efectos de la salinidad sobre el desarrollo de embriones de *Cryphiops caementarius* (Crustacea: Palaemonidae) incubados in vitro. *Rev. Peru. Biol.,* 17(2): 215 – 218.

Fukushima, M., G. Sifuentes, G. Saldaña, G. Castillo, J. Reyes y L. Shimokawa. 1982. Métodos limnológicos. Departamento de Ciencias Biológicas. Universidad Nacional de Trujillo. Perú.

Geddes, M.C., B.J. Mills y K.F. Walker. 1988. Growth in the Australian freshwater crayfish *Cherax destructor* Clark, under laboratory conditions. Aust. J. Mar. Freshwater Res., 39: 555-568.

Gobierno Regional de Ica. 2004. Plan Estratégico Institucional del Gobierno Regional de Ica. 2004-2006. Plan de desarrollo Regional 2003-2006. http://www.regionica.gob.pe/pdf/grppat/pei_20032006/eva_ii_sem_2005/pesca.pdf. (Consultado el 15.05.10).

Gobierno Regional de La Libertad. 2004. Agenda ambiental regional 2004-2005. http://www.regionlalibertad.gob.pe/web/opciones/pdfs/AGENDA-AMBIENTAL.pdf. (Consultado el 15.05.10).

Gobierno Regional de Moquegua. 2010. Repoblamiento de camarón de río en las cuencas de las provincias Mariscal Nieto y General Sánchez Cerro. Disponible en http://www.regionmoquegua.gob.pe/website. Consultado el 15.05.10.

Gómez, G., H. Nakagawa y S. Kasahara. 1990. Effect of propodus excision on growth and survival in giant freshwater *Macrobrachium rosenbergii*. J. Fac. Appl. Biol. Sci., 29: 19-24.

Guerra, A. 1974. Biología reproductiva de *Macrobrachium gallus* Holthuis, 1952 (Decapoda, Palaemonidae). Trabajo de Habilitación. Universidad Nacional de Trujillo. Perú.

Guerra, A., A. Gómez, J. Montes y E. Velásquez.1983. Desarrollo postembrionario de *Cryphiops caementarius*, Molina 1872 (Decapoda, Palaemonidae), en condiciones de laboratorio. Informe Final de Proyecto. Dirección General de Investigación. Universidad Nacional de Trujillo.

Guerra, A., A. Gómez, E. Velásquez y W. Reyes.1987. Reproducción y crianza del camarón de río. Proyectos de Investigación terminados. Universidad Nacional de Trujillo. Área Biomédica IV (1): 898-915.

Guerra, A. y J.L. Sánchez. 1998. Fundamentos de explotación de recursos vivos marinos. Edit. Acribia, S.A. Zaragoza. España.

Guerrero, D.A. y A.M. Moreno. 2004. Efecto del fotoperíodo en el crecimiento y supervivencia del camarón de río *Cryphiops caementarius* Molina, 1872 (Natantia, Palaemonidae) durante la etapa de pre-cría, en condiciones de laboratorio. Tesis para Título. Universidad Nacional del Santa.

Hari, B. y B.M. Kurup. 2002. Vitamin C (Ascorbyl 2 Polyphosphate) requirement of freshwater prawn *Macrobrachium rosenbergii* (de Man). Asian Fisheries Science, 15: 145-154.

Hirayama, K., H. Mizuma y Y. Mizue. 1988. The accumulation of dissolved organic substances in closed recirculation culture systems. Aquacultural Engineering, 7: 73-87.

Harrison, K.E. 1990. The role of nutrition in maturation, reproduction and embryonic development of decapod crustaceans: a review. Journal of Shellfish Research. 9(1):1-28.

Hepher, B. 1993. Nutrición de peces comerciales en estanques. Edit. Limusa, S.A. de C.V. México.

Hickman, C.P., L.S. Roberts y A. Larson. 2001. Integrated principles of zoology. 11th. Edic. McGraw-Hill Companies. New York.

Horkheimer, H. 2004. Alimentación y obtención de alimentos en el Perú prehispánico. Instituto Nacional de Cultura del Perú. 2da Edic.

IMARPE. 2008. Camarón de río. Recursos y Pesquería. Instituto del Mar del Perú. (Disponible en http://www.imarpe.gob.pe/imarpe/index.php?id_seccion= I0131010202010000000000). (Consultado el 15.05.10).

INEI, 2006. Perú: Compendio estadístico 2006. Instituto Nacional de Estadística e Informática. p. 529. Disponible en http://www1.inei.gob.pe/biblioineipub/ bancopub/Est/Lib0704/Libro.pdf (Consultado el 15.07.10).

INEI, 2008. Perú: Compendio estadístico 2008. Instituto Nacional de Estadística e Informática. p. 628. Disponible en http://www.mpfn.gob.pe/CD/compendio_ estadistico/cap12/CAP12.PDF (Consultado el 15.07.10).

Jara, C.G. 1997. Antecedentes sobre el desarrollo de la carcinología en Chile. Invest. Mar., Valparaíso, 25: 245-254.

Jones, C.M. y I.M. Ruscoe. 2000. Assessment of stocking size and density in the production of redclaw crayfish, *Cherax quadricarinatus* (Von Martens) (Decapoda: Parastacidae), cultured under earthen pond condition. Aquaculture, 189: 63-71.

Jover, M. 2000. Estimación del crecimiento, tasa de alimentación y producción de desechos en piscicultura mediante un modelo bioenergético. *Revista AquaTIC*, nº 9. [Disponible en http://www.revistaaquatic.com/aquatic/art.asp?t=h&c=82]

Jussila, J. 1997. Physiological responses of astacid and parastacid crayfishes (Crustacea: Decapoda) to conditions of intensive culture. Doctoral dissertation. University of Kuopio, Australia.

Keshavanath, P., B. Gangadhara y S. Khadri. 2003. Growth enhancement of carp and prawn through dietary sodium chloride supplementation. Aquaculture Asia, 8(4): 4-8.

Kouba, A., M. Buřič, T. Policar y P. Kozák. 2011. Evaluation of body appendage injuries to juvenile signal crayfish (*Pacifastacus leniusculus*): relationships and consequences. Knowledge and Management of Aquatic Ecosystems, 401(4): 1-9.

Kristiansen, T.S., A. Drengstig, A. Bergheim, T. Drengstin, R. Svensen, I. Kollsgård, et al. 2004. Development of methods for intensive farming of European lobster in recirculated seawater. Results from experiments conducted at Kvitsay lobster hatchery from 2000 to 2004. Fisken og havet, 6: 1-62.

Lee, O.O'C. y J.F. Wickins. 1997. Cultivo de crustáceos. Edit. Acribia, S.A. Zaragoza. España.

Levinton, J.S., M.L. Judge y J.P. Kurdziel. 1995. Functional differences between the major and minor claws of fiddler crabs (*Uca*, Family Ocypodidae, Order Decapoda, Subphylum Crustacea): A result of selection or developmental constraint? Journal of Experimental Marine Biology and Ecology, 193: 147-160.

Lip, G.B. 1976. Primera madurez sexual del camarón de río *Cryphiops caementarius* Molina, 1782 (Natantia: Palaemonidae) en el río Moche. Tesis de Bachiller. Universidad Nacional de Trujillo. Perú.

Lleellish, M., I. Silva, C, Martínez y P. Del Pozo. 2005. Elaboración de criterios de cobertura geográfica para el establecimiento de áreas prioritarias para el desarrollo del Biocomercio. Disponible: http://www.caf.com/attach/9/default/4CriteriosdeCoberturaGeográfica.pdf (Consultado el 06.

Maginnis T.L. 2006. The costs of autotomy and regeneration in animals: a review and framework for future research. Behavioral Ecology. doi:10.1093/beheco/arl010. Advance Access publication 19 June 2006.

Manor, R., R. Segev, M. Pimenta, E.D. Aflalo y A. Sagi. 2002. Intensification of redclaw crayfish *Cherax quadricarinatus* culture II. Growout in a separate cell system. Aquaculture Engineering, 26: 263-276.

Mantilla, C.A. 1973. Características embriológicas de *Macrobrachium inca* Holthuis, 1959 y *Cryphiops caementarius* Molina, 1782. Tesis de Bachiller. Universidad Nacional de Trujillo. Perú.

Mariappan, P. y C. Balasundaram. 1999. Molt-related limb loss in *Macrobrachium nobilii*. Current Science, 77(5): 637-639.

Mariappan, P., C. Balasundaram y B. Schmitz. 2000. Decapod crustacean chelipeds: an over review. J. Biosci., 25 (3): 301-313.

Márkus, F., H.G. Daood, J. Kapitány y P.A. Blacs. 1999. Chance in the carotenoid and antioxidant content of spice red pepper (páprika) as a function of ripening and some technological factors. J. Agric. Food Chem., 47: 100 107.

Matsufuji, H., H. Nakamura, M. Chino y M. Takaeda. 1998. Antioxidant activity of capsanthin and the fatty acid esters in paprika (*Capsicum annuum*). J. Agric. Food Chem., 46; 3468-3472.

Matthews, T.R. y K.E. Maxwell. 2007. Growth and mortality of captive caribbean spiny lobsters, *Panulirus argus*, in Florida, USA. 58th Gulf and Caribbean Fisheries Institute. Pp. 358-366.

Méndez, M. 1981. Claves de identificación y distribución de los langostinos y camarones (Crustacea: Decapoda) del mar y ríos de la costa del Perú. Bol. Inst. Mar Perú, 5: 1-170.

Meruane J., M. Rivera, C. Morales, C. Galleguillos y H. Hosokawa. 2006. Producción de juveniles en condiciones de laboratorio del camarón de río *Cryphiops caementarius* (Decapoda: Palaemonidae) en Coquimbo, Chile. Guyana 70 (2): 228-236.

Meyers, S. P. 2000. Papel del carotenoide astaxantina en nutrición de especies acuáticas. pp 473-491 pp. En: Civera-Cerecedo, R., Pérez-Estrada, C.J., Ricque-Marie, D. y Cruz-Suárez, L.E. (Eds.) Avances en Nutrición Acuícola IV. Memorias del IV Simposium Internacional de Nutrición Acuícola. Noviembre 15-18, 1998. La Paz, B.C.S., México.

Miki, W. 1991. Biological functions and activities of animal carotenoids. Pure & Appl. Chem., 63(1): 141-146.

Morales, M.C. 1997. Desarrollo larval del camarón de río *Cryphiops caementarius* (Molina, 1782) (Crustacea, Decapoda) en laboratorio. Tesis Universidad Católica del Norte, Coquimbo Chile.

Moya, R. 1973. Relación peso-longitud del "camarón de río" *Macrobrachium gallus* (Holthuis) 1952. Tesis para Bachiller. Universidad Nacional de Trujillo. Perú.

Mykles, D.L. 1980. The mechanism of fluid absorption at ecdysis in the American lobster, *Homarus americanus*. J. Exp. Biol., 84: 89-101.

Nakatami, I. y T. Ŏtsu. 1979. The effects of eyestalk, leg and uropod removal on the molting and growth of Young crayfish, *Procambarus clarkii*. Biol. Bull., 157: 182-188.

Nava, H.L. 1993. Cultivo del camarón gigante. Agro Enfoque. Año VIII (59): 4-5.

New, M.B. 2002. Farming freshwater prawn. A manual for the culture of the giant river prawn (*Macrobrachium rosenbergii*). FAO Fish. Tech. Pap. 428: 1-212.

Niu, J., L. Tian, H. Lin y Y. Liu. 2011. Carotenoids in aquaculture: An overview. J. Anim. Sci. Biotech., 2(1): 44-58.

Palaoro, A.V. 2009. Perda de quelípodo em anomuro de água doce do sul do Brasil (Crustacea, Aeglidae). Anais do IX Congresso de Ecologia do Brasil, 13 a 17 de Setembro de 2009, São Lourenço – MG.

Pan, C.H., Y.H. Chien y J.H. Cheng. 2001. Effects of light regimen, algae in the water and dietary astaxanthin on pigmentation, growth and survival of black tiger prawn *Penaeus monodon* post-larvae. Zoological Studies, 40(4): 371-382.

Pezzato, A.C. 1996. Balanceamiento de raciones para peces tropicales. Programa ALITE versión 1.10B.

Phlippen, M., S.G. Webster, J.S. Chung y H. Dircksen. 2000. Ecdysis of decapods crustaceans is associated with a dramatic release of crustacean cardioactive peptide into the haemolymph. The Journal Experimental Biology, 203: 521-536.

Ponce, J.E. 1977. Importancia del flujo de agua en los estanques-criaderos de camarón. Actas del Simposio sobre Acuicultura en América Latina, Montevideo, Uruguay, 26 de noviembre a 2 de diciembre de 1974. Documentos de Investigación. FAO, Informes de Pesca, 1(159): 240-248.

PRODUCE. 2003. Anuario estadístico 2003. Ministerio de la Producción. http://produce.org.pe/RepositorioAPS/3/jer/ESTADISTICAS/2003/01DESEMBARQUE/01_06.pdf. Consultado el 01 de abril 2010).

PRODUCE. 2010. Anuario estadístico 2010. Ministerio de la Producción. http://www.produce.gob.pe/RepositorioAPS/1/jer/-1/anuario-2010.pdf. (Consultado el 10 de Septiembre 2011).

ProInversión, 2004. Perú. Guía de inversiones en el sector acuicultura. 1ra. Edic.109 p

Ra'anan, Z. y D. Cohen. 1984. The effect of group interactions on the development of size distribution in *Macrobrachium rosenbergii* (De Man) juvenile populations. Biol. Bull., 166: 22-31.

Ra'anan, Z., A. Sagi, Y. Wax, I. Karplus, G. Hulata y A. Kuris.1991. Growth, size Rank and maturation of the freshwater prawn, *Macrobrachium rosenbergii*: analysis of marked prawn in an experimental population. Biol. Bull., 181:379-386.

Ramírez, M.C. 1977. Tasa de crecimiento de *Macrobrachium inca* Holthuis y *Cryphiops caementarius* Molina, en el reservorio "Campana" CAP San Jacinto. Tesis para Bachiller. Universidad Nacional de Trujillo. Perú.

Ranjeet, K. y B.M. Kurup. 2002. Heterogeneous individual growth of *Macrobrachium rosenbergii* male morphotype. Naga. The ICLARM Quarterly, 25(2): 13-18.

Reyes, W.E., M. Pilco y K. Olórtegui. 2002. Efecto de la ablación unilateral del pedúnculo ocular en la maduración ovárica y en el ciclo de muda de *Cryphiops caementarius* (Molina, 1982) (Decapoda, Palaemonidae) en laboratorio. I Congreso Iberoamericano Virtual de Acuicultura CIVA 2002 (http/www.civa2002.org), 681-687.

Reyes, W.E y H. Lujan. 2003. Estados y subestados del ciclo de muda del camarón de río (*Cryphiops caementarius* Molina, 1872) (Crustacea, Decapoda, Palaemonidae). En: II Congreso Iberoamericano Virtual de Acuicultura: 808-817. Disponible en URL: http://www.civa2003.org.

Reyes, W.E., S. Bacilio, M. Villavicencio y R. Mendoza. 2006. Efecto de la salinidad en el crecimiento y supervivencia de postlarvas del camarón de río *Cryphiops caementarius* Molina, 1872 (Crustacea, Palaemonidae), en laboratorio. En: IV Congreso Iberoamericano Virtual de Acuicultura: 341-346. Disponible en URL: http://www.civa2006.org.

Reyes, W.E. 2008. Efecto de dos probióticos bioencapsulados en nauplios de *Artemia franciscana* en el desarrollo larval del camarón de río *Cryphiops caementarius*, en laboratorio. Tesis Maestría. Universidad Nacional de Trujillo. Perú.

Reyes, W.E., H. luján, L. Moreno & M. Pesantes. 2009. Caracterización de estadios embrionarios de *Cryphiops caementarius* (Crustacea, Palaemonidae). SCIÉNDO, 12(1): 55-67.

Reyes, W., G. Melgarejo & E. Rojas. 2010. Maduración, muda y crecimiento de hembras del camarón de río *Cryphiops caementarius* con ablación del pedúnculo ocular, en condiciones de laboratorio. SCIÉNDO, 13(2): 80-87.

Richards, P.R. y J.F. Wickins. 1979. Lobster culture research. Ministry of Agriculture, Fisheries and food. Lowestoft. Laboratory Leaflet Nº 47. 33 p. [Disponible en http://www.cefas.co.uk/Publications/lableaflets/lableaflet47.pdf]

Schmalenbach, I., F. Buchholz, H.D. Franke y R. Saborowski. 2009. Improvement of rearing conditions for juvenile lobster (*Homarus gammarus*) by co-culturing with juvenile isopods (*Idotea amerginata*). Aquaculture, 289: 297-303.

Sepúlveda, S. y H. Zúñiga. 2008. Elementos conceptuales del desarrollo rural sostenible con enfoque territorial. Capítulo I: 3-134. En S. Zepúlveda (Ed.). Gestión del desarrollo sostenible en territorios rurales: Métodos para la planificación. Instituto Interamericano de Cooperación para la Agricultura (IICA). Costa Rica.

Sepúlveda, S. y H. Falla. 2008. Metodología para el diseño de estrategias de desarrollo de territorios rurales. Capítulo III: 233-322. En S. Zepúlveda (Ed.). Gestión del desarrollo sostenible en territorios rurales: Métodos para la planificación. Instituto Interamericano de Cooperación para la Agricultura (IICA). Costa Rica.

Shleser, RA. 1974. The effects of feeding frequency and space on the growth of the American lobster, *Homarus americanus*. Proc. 5th Am.Wkshop. world Maricult. Soc., Charleston, South Carolina, USA. 21-26 jan., 149-156.

Siegel, R.A., R.L. Schaefer y T.J. Donaldson. 2007. The role of cheliped autotomy in the territorial behavior of the freshwater prawn *Macrobrachium lar*. Journal of Crustacean Biology, 27(2): 197-201.

Sosa, A. 2004. Proceso Productivo de "camarón gigante de Malasia" *Macrobrachium rosenbergii* en la camaronera "Carlos Fon L." en la provincia de Virú (La Libertad- Perú). Informe de Experiencia Profesional para Título Biólogo Acuicultor. Universidad Nacional del Santa, Perú.

Stoffell, L.A. y J.H. Hubschaman. 1974. Limb loss and the molt cycle in the freshwater shrimp, *Palaemonetes kadiakensis*. Biol. Bull., 147: 203-212.

Tello, E. 1972. Anotaciones sobre el camarón. Documenta, 18: 5-8.

Teshima, S.I. 1997. Phospholipids and sterols. En: D'Abramo, L.R., D.E. Conklin y D.M. Akiyama (Ed.). Crustacea nutrition. J.World Aquaculture Society 6:85-107

Tidwell, J.H. y S. Coyle. 2008. Impact of substrate physical characteristic on grow out of freshwater prawns, *Macrobrachium rosenbergii*, in ponds and microcosm tanks. J. World Aquaculture Society, 39 (3): 406-413.

Timmons, M.B., J.M. Ebeling, F.W. Wheaton, S.T. Summerfelt y B.J. Vinci. 2002. Sistemas de recirculación para la acuicultura. 2da. Edic. Fundación Chile. 745 p.

Tomas, M.M. 1972. Growth of the spiny lobster, *Panulirus homarus* (Linnaeus), in captivity. Indian Journal of Fisheries, 19(1-2): 125-129.

Ulikowski, D. y T. Krzywosz. 2006. Impact of food supply frequency and the number of shelter on the growth and survival of juvenile narrow-clawed crayfish (*Astacus leptodactylus* Esch.). Arch. Pol. Fish., 14(2): 225-241.

Urbano, T., A. Silva, L. Medina, C. Moreno, M. Guevara y C. Graziani. 2010. Crecimiento del camarón de agua dulce *Macrobrachium jelskii* (Miers, 1877), en lagunas de cultivo. Zootecnia Trop., 28(2): 163-171.

Van Olst, J.C. y J.M. Carlberg. 1978. The effects on container size and transparency on growth and survival of lobster cultured individually. Proceeding of the Annual Meeting – World Mariculture Society, 9(1-4): 469-479.

Vegas, M., L. Ruiz, A. Vega y S. Sánchez. 1981. El camarón *Cryphiops caementarius* (Palaemonidae): desarrollo embriológico, contenido estomacal y reproducción controlada: primeros resultados. Rev. Lat. Acui., 9: 11-23.

Venturi, V. 1973. Estudio en laboratorio del alimento concentrado y completo más conveniente para el crecimiento de camarones *Cryphiops caementarius*. Boletín de la Universidad Nacional Agraria La Molina, 15: 1-18.

Verástegui, A. 1983. Efectos de la ablación de tallos oculares en el desarrollo gonadal del camarón de río (*Cryphiops caementarius*). Tesis de Bachiller. Universidad Nacional Agraria La Molina.

Viacava, M., R. Aitken y J. Llanos. 1978. Estudio del camarón en el Perú 1975-1976. Bol Inst. Mar del Perú, 3(5): 161-233.

Wangpen, P. 2007. The role of shelter in Australian freshwater crayfish (*Cherax* spp.) polysystems. Thesis Doctor of Philosophy. Curtin University of Technology.

Wasson, K., B.E. Lyon y M. Knopec. 2002. Hair-trigger autotomy in porcelain crabs is a highly effective escape strategy. Behavioral Ecology, 13(4): 481–486.

Wickins, J.F. y T.W. Beard. 1978. Prawn culture research. Ministry of Agriculture, Fisheries and food. Lowestoft. Laboratory Leaflet Nº 42. 41 p. [Disponible en: http://www.cefas.co.uk/Publications/lableaflets/lableaflet48.pdf]

Wickins, J.F., E. Jones, T.W. Beard y D.B. Edwards. 1987. Food distribution equipament for individually-housed juvenile lobster (*Homarus* spp). Aquaculture Engineering, 6: 277-288.

Williams, A.S., D.A. Davis y C.R. Arnold. 1996. Density-dependent growth and survival of *Penaeus setiferus* and *Penaeus vannamei* in a semi-closed recirculation system. World Aquaculture Society, 27(1): 107-112.

Yépez, V. y R. Bandín. 1997. Evaluación del recurso camarón de río *Cryphiops caementarius* en los ríos Ocoña, Majes-Camaná y Tambo, Octubre 1997. Inf. Prog. Inst. Mar Perú, 77: 3-21.

Yu, X., E.S. Chang y D.L. Mykleys. 2002. Characterization of limb autotomy Factor–Proecdysis (LAFpro), isolated from limb regenerates that suspends molting in the land crab *Gecarcinus lateralis*. Biol. Bull., 202: 204-212.

Zacarías, S. y V. Yépez. 2008. Monitoreo poblacional del camarón de río. Estimación de abundancia de adultos en ríos de la costa centro sur. Informe anual 2007. IMARPE. [Disponible:http://www.imarpe.gob.pe/imarpe/archivos/informes/imarpe_26)_informe_2007_camaron_de_rio_web.pdf.]

Zapata, S. 2001. Posibilidades y potencialidad de la agroindustria en el Perú en base a la biodiversidad y los bionegocios. Comité Biocomercio Perú. 70 p.

Zúñiga, O. y R. Ramos. 1987. Balance energético en juveniles de *Cryphiops caementarius* (Crustacea, Palaemonidae). Biota, 3: 33-43.

ANEXOS

ANEXO 1

Costos estimados de producción, por 1 000 m^2 por ciclo de cuatro meses, del camarón de río *C. caementarius* cultivados en recipientes individuales de 284 cm^2 instalados en tanques. (TC = S/ 3,45)

Ítems	Unidad	Cantidad	Costo Unitario (S/)	Costo Total (S/)
Camarón de 7 g.	Millar	90	130	11 700,00
Alimento balanceado	kg.	1620	2	3 240,00
Mano de obra	Meses	4	1000	4 000,00
Imprevistos	%	10		1 894,00
				20 834,00

ANEXO 2

Análisis de rentabilidad, por 1 000 m^2 por ciclo de cuatro meses, del cultivo del camarón de río *C. caementarius* en recipientes individuales de 284 cm^2 instalados en tanques. (TC = S/ 3,45)

Descripción	Unidad	Valor
Costo de producción	S/.	20 834,00
Rendimiento x 1000 m^2 (90 % supervivencia)	kg.	1 620,00
Precio de venta por kg	S/.	18,00
Valor bruto de la cosecha	S/.	29 160,00
Utilidad neta	S/.	8 326,00
Relación B/C		0,40

Printed by Books on Demand GmbH, Norderstedt / Germany